新文科·新传媒·新形态 精品

新媒体
视频拍摄与制作

微课版

秦静◎主编

白美娇 刘欣宇 张莹◎副主编

人民邮电出版社

北京

图书在版编目（CIP）数据

新媒体视频拍摄与制作：微课版 / 秦静主编.
北京：人民邮电出版社，2025.7. --（新文科·新传
媒·新形态精品系列教材）. -- ISBN 978-7-115-64657
-6

Ⅰ. TN948.4

中国国家版本馆 CIP 数据核字第 20246HG151 号

内 容 提 要

本书系统地介绍了新媒体视频拍摄与制作的基础知识及必备技能。全书共 9 章，包括新媒体视频基础，新媒体视频拍摄与制作技能，新媒体视频拍摄与制作前期准备，新媒体视频的拍摄，移动端视频后期剪辑，PC 端视频后期剪辑，新媒体视频的发布与运营，综合实训——短视频的拍摄与剪辑，综合实训——直播视频的拍摄、录制与剪辑。

本书不仅注重基础知识的系统性和全面性，而且注重结合实例，帮助读者加深对新媒体视频的理解。本书第 1~7 章都设置了"课堂练习""章节实训""思考与练习"模块，帮助读者提高新媒体视频拍摄与制作的能力。

本书可作为高等院校网络与新媒体、电子商务等专业相关课程的教材，也可作为新媒体行业相关从业人员的参考书。

- ◆ 主　　编　秦　静
　　副 主 编　白美娇　刘欣宇　张　莹
　　责任编辑　赵广宇
　　责任印制　陈　犇
- ◆ 人民邮电出版社出版发行　　北京市丰台区成寿寺路 11 号
　　邮编　100164　电子邮件　315@ptpress.com.cn
　　网址　https://www.ptpress.com.cn
　　三河市中晟雅豪印务有限公司印刷
- ◆ 开本：787×1092　1/16
　　印张：12.5　　　　　　　　　　2025 年 7 月第 1 版
　　字数：295 千字　　　　　　　　2025 年 7 月河北第 1 次印刷

定价：56.00 元

读者服务热线：(010)81055256　印装质量热线：(010)81055316
反盗版热线：(010)81055315

前言

    随着新媒体视频行业政策的完善、互联网信息技术的飞速发展以及网络基础设施建设的日益完善，新媒体视频行业近年来呈现强劲的发展势头，新媒体视频平台的原创自制内容也呈现出多样化的发展趋势。同时，新媒体视频广告产业也实现快速发展，从侧面反映出新媒体视频用户数量的快速增加和用户黏性的不断提高。

    新媒体视频行业的快速发展，对新媒体视频策划、拍摄、剪辑等人才的需求也不断加大。为了更好地帮助相关专业培养人才和满足行业需求，编者特意编写了本书。

本书特色

    （1）内容新颖，注重应用。本书紧跟时代潮流，涵盖了新媒体视频的各个方面，内容新颖，注重实用，并充分考虑相关课程的要求与教学特点，以实用为准则，在简要而准确地介绍概念和理论的基础上，重点讲解行之有效的新媒体视频拍摄与剪辑方法，着重培养读者的实际应用能力。

    （2）案例驱动，学以致用。本书提供充足的、与新媒体视频制作相关的教学案例，力求通过对案例的介绍激发读者的学习兴趣，引导读者进一步深入思考，提高解决问题的能力。

    （3）体例丰富，解疑指导。本书体例丰富、内容全面，各章除了基本的学习目标和课前思考外，还通过课堂练习和章节实训帮助读者快速巩固所学知识。除第8章与第9章，其余各章末尾还设置了"思考与练习"模块，帮助读者深化理解。

    （4）立德树人，素养教学。本书全面贯彻党的二十大精神，从教学内容设计入手，坚持把立德树人作为中心环节，以培养读者的综合素养为根本目标，实现理论讲解与素养教学的深度结合，以提高读者的素养水平。

    （5）AIGC工具赋能，贴近前沿。本书充分发挥新质生产力赋能教学的优势，在教学中融入AIGC工具辅助视频编辑的相关内容，全方位提升读者的实战技能。

前 言

本书使用指南

为了方便教学，编者特意为使用本书的教师提供了丰富的教学资源，精心制作了教学大纲、电子教案、PPT 课件、案例素材、实训资源、课后习题答案、题库及试卷系统、AIGC 教学资源库、AIGC 辅助视频编辑手册等教学资源，教学资源名称及数量如表 1 所示。用书教师如有需要，请登录人邮教育社区（www.ryjiaoyu.com）搜索书名获取相关教学资源。需要注意的是，本书正文所有素材均来源于教学资源中的案例素材。

表 1 教学资源名称及数量

编号	教学资源名称	数量
1	教学大纲	1 份
2	电子教案	1 份
3	PPT 课件	9 份
4	案例素材	1 份
5	实训资源	1 份
6	课后习题答案	9 份
7	题库及试卷系统	1 套
8	AIGC 教学资源库	1 套
9	AIGC 辅助视频编辑手册	1 份

本书作为教材使用时，课堂教学建议安排 24 学时，各章主要内容及学时安排如表 2 所示，用书教师可根据实际情况进行调整。

表 2 各章主要内容及学时安排

章序	各章主要内容	学时
第 1 章	新媒体视频基础	2
第 2 章	新媒体视频拍摄与制作技能	4
第 3 章	新媒体视频拍摄与制作前期准备	3
第 4 章	新媒体视频的拍摄	2
第 5 章	移动端视频后期剪辑	3

续表

章序	各章主要内容	学时
第 6 章	PC 端视频后期剪辑	4
第 7 章	新媒体视频的发布与运营	2
第 8 章	综合实训——短视频的拍摄与剪辑	2
第 9 章	综合实训——直播视频的拍摄、录制与剪辑	2
学时总计		24

　　为了帮助读者更好地使用本书，编者精心录制了配套的微课视频。读者扫描书中二维码即可观看微课视频，微课视频名称及页码如表 3 所示。

表 3　微课视频名称及页码

章节	微课视频名称	页码	章节	微课视频名称	页码
1.1	新媒体视频概述	1	5.4	其他移动端视频剪辑工具	101
1.2	常见的新媒体视频平台分类	5	6.1	认识 Premiere Pro	108
1.3	新媒体视频的展现形式	8	6.2	导入并修剪视频素材	113
2.1	画面构图的设计	16	6.3	效果与转场	124
2.2	光线的运用	27	6.4	编辑字幕	132
2.3	运动镜头的巧用	35	6.5	编辑音频	135
2.4	剪辑技能的提升	39	6.6	导出视频文件	139
3.1	新媒体视频定位与策划	46	7.1	移动端视频的发布与运营	142
3.2	新媒体视频制作团队的组建	54	7.2	PC 端视频的发布与运营	154
3.3	新媒体视频的拍摄设备	56	8.1	短视频的拍摄	162
4.1	手机拍摄新媒体视频	63	8.2	短视频的后期剪辑	170
4.2	使用微单相机和单反相机拍摄新媒体视频	70	9.1	直播概述	180
5.1	视频剪辑的原则与注意事项	81	9.2	直播前的准备	181
5.2	视频剪辑的手法与情绪表达技巧	85	9.3	直播视频录制与剪辑	187
5.3	使用剪映剪辑视频	88			

前 言

编者团队

本书由郑州大学新闻与传播学院秦静担任主编,由白美娇、刘欣宇、张莹担任副主编。

尽管编者在编写本书的过程中精益求精,但由于水平有限,书中难免存在疏漏和不妥之处,敬请广大读者批评指正。

编者

2025 年 6 月

目录

目录

目录

目 录

第1章
新媒体视频基础

学习目标

√ 掌握新媒体视频的特点、类型、发展历程及趋势

√ 了解常见的新媒体视频平台

√ 掌握新媒体视频的展现形式

课前思考

近年来，新媒体视频已经成为人们获取信息、娱乐和社交的重要渠道之一。山西传媒学院励志女孩常路上传了一段视频，该视频在全网引起了广泛关注，视频点赞量超过 167 万，转发量超过 20.2 万次，评论数超过 6.1 万人次。视频中，常路分享了自己考研成功的喜悦，并配以文字"故余虽愚，卒获有所闻。"表达了自己努力向上的热情与坚持。

思考题：

1. 谈一下你对新媒体视频的认识。

2. 新媒体视频为什么会引起如此高的关注？

1.1 新媒体视频概述

新媒体行业是一个以互联网、移动通信等新技术为基础，利用数字化和网络化手段进行信息传播的行业。随着数字时代的到来，新媒体已经成为当今社会不可或缺的组成部分之一。新媒体视频则是新媒体的重要表现形式之一。

扫一扫

1.1.1 新媒体视频的定义及特点

新媒体视频是指以数字信息技术为基础，通过互联网进行传播和接收的一类视频内容，它包括但不限于短视频、直播等多种形式。

本小节通过将新媒体视频与传统视频对比的方式，来介绍新媒体视频的特点。

新媒体视频与传统视频主要在传播方式、制作方式、受众参与度、内容形式和盈利模式等方面存在区别。

① 传播方式。新媒体视频主要通过一些互联网平台进行传播，如抖音、快手等，传播速度快，覆盖范围广，而且新媒体视频能够重复播放，大大提高了视频的利用率。用户在任何时间、任何地点，都可以根据自己的兴趣选择和观看不同内容的视频，不受时间和地点的限制。而传统视频主要通过电视等媒介传播，用户只能在特定的时间观看特定的视频，受时间和地点的限制较大。

② 制作方式。新媒体视频的制作更加灵活，制作的门槛较低，个人和小型团队也可以制作并发布高质量的视频。而传统视频（如电影、电视剧等）通常需要大型团队和高昂的资金投入，制作周期较长。

③ 受众参与度。新媒体视频通常支持、鼓励受众参与，受众不但可以通过点赞、评论、分享等方式与视频创作者互动，形成良好的互动氛围，而且还可以在特定的情况下上传或下载视频文件。网络中的每一个用户都是视频的发布者，他们的"话语权"是均等的，每个人都可以是一个信息发布中心。而传统视频的受众参与度较低，受众与视频创作者之间的互动较少。

④ 内容形式。新媒体视频内容形式多样，包括短视频、直播等。另外，在过去几年中，各大视频平台不断开拓新兴品类市场，更加注重内容的针对性和专业性，以满足用户多样化的需求。例如，各大视频平台以电视剧、电影、综艺、动漫等核心品类为基础，不断向游戏、电竞、音乐等新兴品类拓展。此外，各大视频平台还利用大数据、人工智能等技术，快速识别用户需求，实现内容的精准推送。而传统视频内容形式相对单一，主要是电影、电视剧等。

⑤ 盈利模式。新媒体视频的盈利模式更加多样化，主要包括广告分成、用户打赏、电商带货等，而传统视频主要依赖票房收入、广告收入和版权销售等。

1.1.2　新媒体视频的类型

新媒体视频的类型较为多样，根据视频内容，新媒体视频可以大致分为 4 种类型：搞笑类、知识科普类、生活娱乐类和教育类。

1. 搞笑类

搞笑类新媒体视频的特点主要包括以下几点。

① 内容幽默。搞笑类新媒体视频的核心特点就是幽默，运用夸张、讽刺、调侃等手法，让观众在观看过程中感到愉悦。

② 短小精悍。搞笑类新媒体视频通常时长较短，一般为几分钟到几十分钟，能在短时间内吸引观众的注意力，并迅速传达笑点。

③ 创意独特。搞笑类新媒体视频往往具有独特的创意，构思和设定巧妙，使观众在观看过程中产生惊喜感和新鲜感。

④ 互动性强。搞笑类新媒体视频易于引发观众的共鸣和讨论，观众可以通过评论、分享等方式参与视频的传播和讨论，形成良好的互动氛围。

⑤ 多样化。搞笑类新媒体视频涵盖各种类型，如模仿、脱口秀、动画等，满足不同观众的口味和需求。

⑥ 传播广泛。搞笑类新媒体视频通过互联网平台进行传播，受众面广，易于传播，因此知名度和影响力较大。

2. 知识科普类

知识科普类新媒体视频的特点主要包括以下几点。

① 短且精。知识科普类新媒体视频的特点是短且精，能够满足受众在不同场景下即时学习、吸收新知识的需求。

② 科学性。知识科普类新媒体视频一般比较具备科学性，传播的知识是比较准确可信的。

③ 丰富性。知识科普类新媒体视频涉及生活技能、科普知识、学习技巧等多个方面，内容丰富。

④ 互动性。知识科普类新媒体视频创作者可以通过发弹幕、评论等方式与观众互动，增加观众的参与度。

⑤ 易于传播。知识科普类新媒体视频可以通过社交媒体等平台进行传播，易于分享和扩散。

3. 生活娱乐类

生活娱乐类新媒体视频的特点主要包括以下几点。

① 短小精悍。视频时长较短，一般不超过 5 分钟，以满足用户使用碎片化时间获得资讯及娱乐的需求。

② 内容多样。视频内容多样，涉及娱乐、教育、生活等多领域。

③ 展现现实生活。视频内容积极向主旋律靠拢，聚焦现实生活、展现热血情怀，表达对社会和人生的关切，符合社会主义主流价值观，表达人民群众对美好生活的向往。

④ 注重实景拍摄。视频制作更加注重现场实景拍摄，用真实的画面为用户营造现场感。

4. 教育类

教育类新媒体视频的特点主要包括以下几点。

① 短小精悍。视频时间较短，通常为几分钟到几十分钟，能够快速传递信息。

② 趣味性。视频内容生动有趣，能够吸引观众的注意力。

③ 可视化。视频通过图像、动画等形式将抽象的知识点形象化，易于理解。

④ 互动性。观众可以通过发弹幕、评论等方式与视频创作者或其他观众进行交流。

⑤ 实时性。视频创作者可以实时回答观众的问题，观众也可以实时反馈学习情况。

⑥ 便捷性。观众可以通过手机、计算机等设备随时随地观看视频，方便快捷。

1.1.3　新媒体视频的发展历程及趋势

新媒体视频在发展初期，主要表现为网络大电影。随着移动互联网时代的到来，短视频开始进入蓬勃发展的阶段，这种发展趋势逐渐改变了新媒体视频的传播方式。目前，新媒体视频平台的内容已经呈现多样化的发展趋势，包括内容形式的多样化和题材的丰富化。未来，新媒体视频行业将更加注重个性化和多元化。一方面，新媒体视频平台将会更加注重用户需求，更加注重为用户提供个性化的内容和服务；另一方面，新媒体视频内容将更加多元化，涵盖更多领域和题材。此外，随着 5G（5th Generation Mobile Communication Technology，第五代移动通信技术）等新技术的应用，新媒体视频的传输速度和质量将得到进一步提升，可以为用户提供更好的观看体验。

1. 新媒体视频的发展历程

新媒体视频的发展历程可以概括为以下几个阶段。

（1）起步期

新媒体视频的起源可以追溯到 20 世纪 90 年代末，当时的技术限制使得视频流媒体的传输并不流畅，用户体验较差。随着宽带网络的普及和流媒体技术的不断改进，2005 年左右，新媒体视频开始进入快速发展阶段。

（2）发展期

2005—2013 年，新媒体视频市场逐渐成熟，以 YY 直播、六间房、9158 为代表的 PC 秀场直播平台为众人熟知。同时，新媒体视频分享网站如优酷、土豆等也逐渐兴起，用户可以上传和分享自己的视频内容。

（3）爆发期

2014 年以后，随着移动互联网的普及，新媒体视频市场进入爆发期。短视频和直播成为主流，各大平台纷纷涌现，如抖音、斗鱼、虎牙等。同时，新媒体视频也开始向社交、电商等领域渗透，形成了一种全新的内容传播方式。

（4）成熟期

2019 年以后，新媒体视频市场进一步发展。短视频和直播进一步普及，应用场景更加广泛，如在线教育、远程医疗等。同时，AI（Artificial Intelligence，人工智能）技术的应用也将进一步优化新媒体视频的用户体验和内容质量。

总之，新媒体视频的发展历程反映了互联网技术的进步和用户需求的变化。未来，新媒体视频将继续创新和发展，为用户提供更加丰富和便捷的视听体验。

2. 新媒体视频的发展趋势

新媒体视频的发展趋势主要体现在以下几点。

（1）内容多样化和垂直化

新媒体视频的内容呈现出多样化和垂直化的趋势。多样化表现为不同类型的视频内容层出不穷，满足不同受众的需求。而垂直化则体现在新媒体视频的内容针对特定的细分市场，如游戏、美妆、教育等，以满足特定受众群体的需求。

（2）用户互动性与参与性增强

新媒体视频强调用户的参与和互动，如直播中的弹幕、评论、打赏等功能，提升了用户的参与感。此外，互动性强的视频形式也在逐渐兴起，如互动短视频和虚拟现实视频。

（3）视频产业规范化

在新媒体视频产业发展的过程中，版权问题一直是一个较为重要的问题。随着新媒体视频产业的规范化，版权生态不断完善。这有利于保护视频创作者的权益，也有利于新媒体视频产业的发展。新媒体视频产业的规范化不仅需要行业自身的自律，也需要政府的政策支持。政府通过制定相关的政策，对新媒体视频产业进行规范，打击盗版、侵权等行为，保护视频创作者的合法权益，有利于新媒体视频产业的健康发展。

（4）技术创新与融合

随着 5G、AI 等新技术的应用，新媒体视频的制作、传播和互动方式都在不断创新。例如，5G 的普及可以使视频传输更加流畅，直播和短视频的观看体验将得到极大提升。

同时，AI 技术的应用可以帮助视频创作者更好地分析受众喜好，提高视频内容的针对性。

课堂练习

观看老师播放的视频，分析这些视频属于哪种类型。

1.2　常见的新媒体视频平台分类

常见的新媒体视频平台可分为长视频平台和短视频及直播平台。

1.2.1　长视频平台

长视频平台以播放时长较长的视频为主，如电视剧、电影、综艺节目等。常见的长视频平台包括优酷、爱奇艺、腾讯视频等。

1. 优酷

优酷是在线视频平台，支持 PC、电视、移动三大终端，兼具自制、合制、自频道、直播等多种内容形态。优酷平台界面如图 1-1 所示。

图 1-1

2. 爱奇艺

爱奇艺是一家大型视频网站，也是全球华人喜爱的新媒体视频软件。它拥有海量、优质、高清的新媒体视频，涵盖电影、电视剧、动漫、综艺等多种类型。爱奇艺提出"悦享品质"的品牌口号，坚持"让人们平等便捷地获得更多、更好的视频"的企业愿景，奉行"简单想，简单做"的企业文化，积极推动产品、技术、内容、营销等全方位创新，为用户提供更丰富、高清、流畅的专业视频服务。爱奇艺平台界面如图 1-2 所示。

3. 腾讯视频

腾讯视频是在线视频媒体平台，致力于提供丰富的内容、极致的观看体验、便捷的登录方式、多平台无缝应用体验以及快捷分享的产品特性，满足用户在线观看需求。用户可以通过腾讯软件中心下载安装腾讯视频播放器，享受在线点播及电视台直播服务，同时该平台也具有列表管理、视频下载等实用功能。在腾讯视频，用户还可以观看比赛及相关资讯，包括直播、视频、图片、专题、评论等各类信息。腾讯视频界面如图1-3所示。

图1-2　　　　　　　　　　　　　　　图1-3

1.2.2　短视频及直播平台

短视频平台以播放时长较短的视频为主，如抖音、快手、微视等。这些平台现在大多开通了直播功能，所以这些短视频平台也可以被称为短视频及直播平台。在这些平台上，用户可以上传、分享和观看各种类型的视频，还可以进行直播。需要注意的是，不同平台的内容侧重点可能会有所不同，因此在观看视频时，用户需要根据自己的需求选择合适的平台。

1. 抖音

抖音是一款短视频分享平台，旨在让每一个人看见并连接更大的世界，鼓励用户表达、沟通和记录，激发创造力，丰富人们的精神世界，让现实生活更美好。在抖音上，用户可以观看、制作和分享各种有趣的短视频，如图1-4所示。此外，抖音也是一个直播平台，用户通过直播来聊天、分享生活、展现才艺等，也可以进行直播带货，如图1-5、图1-6所示。

  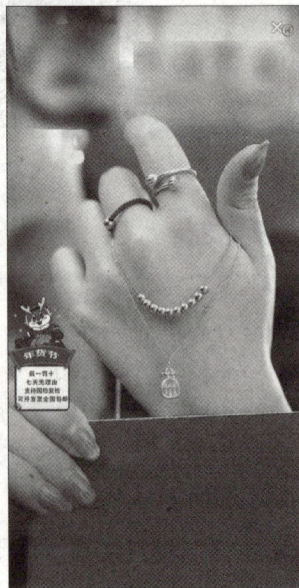

图1-4　　　　　　　　　　图1-5　　　　　　　　　　图1-6

2. 快手

快手是一款以分享短视频和直播为主的社交平台。通过短视频和直播功能，快手为用户提供了广阔的内容创作和交流空间。在快手平台上，用户可以分享自己的生活点滴、展示才艺、发表观点等。同时，快手也在不断探索短视频和直播在各个领域的应用，如电商、乡村振兴、文化推广等。快手短视频界面如图 1-7 所示，快手电商直播界面如图 1-8 所示。

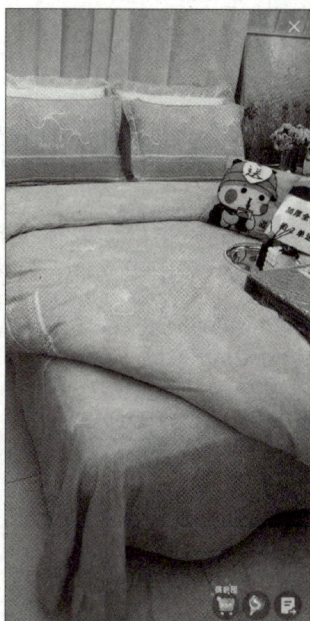

图 1-7　　　　　　　　　　图 1-8

3. 微视

微视是腾讯旗下的短视频创作平台和分享社区。用户可以在微视上浏览各种短视频，也可以上传短视频分享自己的所见所闻。此外，微视还连接了微信和 QQ 等社交平台，用户可以将微视上的视频分享给微信和 QQ 等好友和社交平台。微视提供了酷炫特效、多彩贴纸、高清美颜、动感音乐等工具，帮助用户轻松制作出富有创意的短视频。微视短视频界面如图 1-9 所示。

图 1-9

📖 **课堂练习**

打开微视，了解一下微视都有哪些功能并撰写功能总结报告。

1.3 新媒体视频的展现形式

不同风格的新媒体视频，其展现形式也是不同的。新媒体视频的展现形式决定了用户会通过什么方式记住某个新媒体视频。比较常见的新媒体视频展现形式有图文形式、模仿形式、解说形式、脱口秀形式、情景剧形式和 Vlog 形式。

扫一扫

1.3.1 图文形式

图文形式的新媒体视频以图片和文字为主要表现形式，为观众提供丰富多样的视听体验。这类视频在互联网上非常常见，观众可以通过各种流媒体平台进行观看。图文形式的新媒体视频通常包括以下几类。

① 动画。这类视频以动画形式展示故事情节、科普知识或其他信息，如图 1-10 所示。

② 漫画。这类视频将漫画作品以动态形式呈现，能够更加生动地展现漫画内容，如图 1-11 所示。

③ 图文解说。这类视频以图片或文字为主要载体，通过解说员的讲解来传递信息，如图 1-12 所示。

图 1-10

图 1-11

图 1-12

④ 广告。许多广告以图文形式呈现，通过视觉冲击力和文字创意来吸引观众，如图 1-13

所示。

⑤ 其他。还有一些新媒体视频以图文形式呈现，如音乐视频、创意短片等，如图 1-14和图 1-15 所示。

图 1-13　　　　　　　　　　图 1-14　　　　　　　　　　图 1-15

1.3.2　模仿形式

模仿形式的新媒体视频是指在网络上流传的、以模仿某种形式或风格为主要特点的视频。这些视频通常通过对原有作品的模仿、改编，来表达新媒体视频创作者的创意和观点。这种形式在互联网上非常普遍，因为模仿形式的视频制作相对简单，成本较低，而且容易引起观众的关注和共鸣。模仿形式的新媒体视频在互联网上非常流行，以独特的创意和幽默感吸引了大量观众。同时，这些视频也反映了网络文化的多样性和开放性。

模仿形式的新媒体视频可以分为以下几种类型。

① 模仿名人。这类视频的出镜者通常通过模仿某个名人的言行举止、造型或者经典台词，以达到搞笑或者讽刺的效果，如图 1-16 所示。

② 模仿电影或电视剧。这类视频的出镜者通过对电影或电视剧中的经典场景进行模仿，来表达新媒体视频创作者的观点，如图 1-17 所示。

③ 模仿广告。这类视频模仿广告的表现手法，对广告中的产品或者概念进行调侃或者讽刺，如图 1-18 所示。

④ 模仿流行文化。这类视频通过模仿当前流行的文化现象，如流行歌曲、舞蹈、网络用语等，以表达新媒体视频创作者对流行文化的看法，如图 1-19 所示。

⑤ 模仿新闻。这类视频通过对新闻形式的模仿，来对新闻事件进行调侃或者评论，如图 1-20 所示。

图 1-16　　　　　　　　图 1-17　　　　　　　　图 1-18

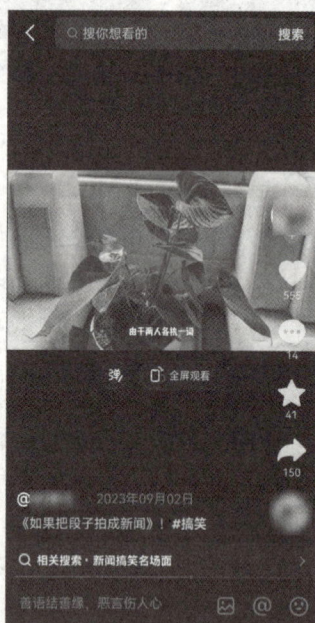

图 1-19　　　　　　　　图 1-20

1.3.3　解说形式

　　解说形式的新媒体视频是一种通过网络平台发布的，以解说为主要表现形式的视频。这类视频通常由一位或多位主持人对某个主题进行讲解、介绍或评论，以满足观众对该主题的了解和学习需求，如图 1-21 所示。解说形式的新媒体视频具有以下特点。

① 内容丰富。解说形式的新媒体视频涵盖了许多领域，如科技、教育、游戏、电影、音乐等。观众可以根据自己的兴趣和需求选择观看相应的内容。

② 互动性。解说形式的新媒体视频便于观众与新媒体视频创作者进行互动。观众可以通过评论、发弹幕等方式，与新媒体视频创作者和其他观众交流观点和心得。

③ 便捷性。解说形式的新媒体视频可以随时随地观看，只需连接到互联网，观众就可以在计算机、手机、平板电脑等设备上观看自己喜欢的视频。

④ 个性化。解说形式的新媒体视频具有新媒体视频创作者个人的风格和特点，视频更具个性化和趣味性，吸引观众关注。

⑤ 时效性。解说形式的新媒体视频可以快速制作和发布，使得一些时效性较强的内容能够及时传递给观众。例如，对于一些热门事件、新品发布等，解说形式的新媒体视频创作者可以迅速做出反应，制作解说形式的新媒体视频，满足观众对新鲜信息的需求。

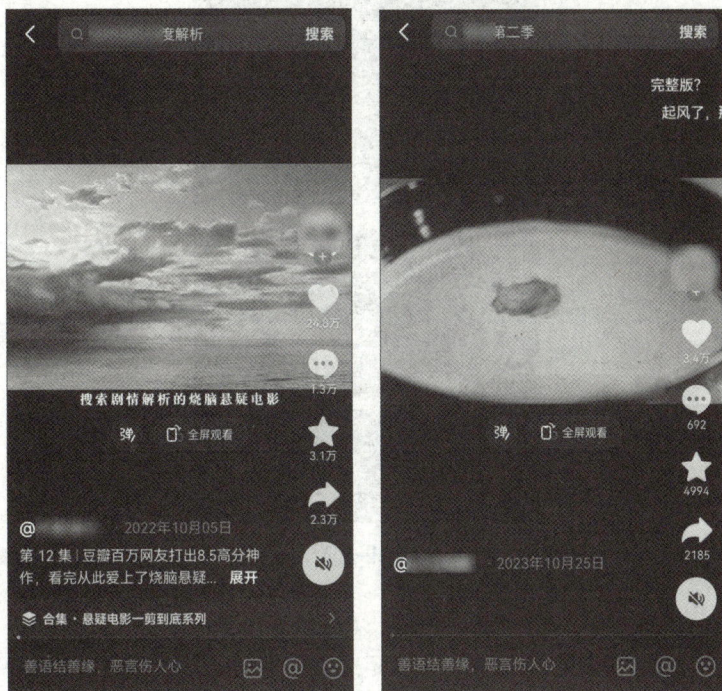

图 1-21

1.3.4　脱口秀形式

脱口秀形式的新媒体视频是一种以脱口秀为主要表现形式的新媒体视频。这种类型的新媒体视频通常由一位主持人或者表演者在镜头前进行幽默风趣的讲述，涉及的内容包括时事热点、生活趣事、情感话题等多种类型，如图 1-22 所示。脱口秀形式的新媒体视频具有以下特点。

① 时效性。脱口秀形式的新媒体视频通常紧跟时事热点，对当前的社会现象进行评论和调侃，因此具有较强的时效性。

② 互动性。这种类型的新媒体视频创作者通常会与观众进行互动，在弹幕、评论区回复观众的意见和建议，增强观众的参与感。

③ 幽默风趣。脱口秀形式的新媒体视频以幽默、风趣的语言吸引观众，让观众在轻松愉快的氛围中了解相关信息。

④ 观赏性。脱口秀表演者通常具有出色的语言表达能力和表演技巧，其表演具有观赏性。

⑤ 社交属性。脱口秀形式的新媒体视频可以帮助观众扩大社交圈子，结识志同道合的朋友。

图 1-22

1.3.5 情景剧形式

情景剧形式的新媒体视频是一种以情景剧为表现形式的新媒体视频。这种类型的新媒体视频通常以一个或多个角色为中心，讲述一系列有趣、幽默、生活化的故事，如图 1-23 所示。情景剧形式的新媒体视频具有以下特点。

① 短小精悍。情景剧形式的新媒体视频通常时长较短，一般为几分钟到十几分钟，便于观众在较短的时间内获悉完整故事。

② 创意丰富。这种类型的新媒体视频通常具有丰富的创意元素，包括剧情设定、角色设定、场景布置等，为观众带来新颖的视觉体验。

③ 轻松幽默。情景剧形式的新媒体视频往往以轻松幽默的故事为主线，让观众在观看的过程中得到放松和快乐。

④ 互动性强。许多情景剧形式的新媒体视频创作者会与观众互动，通过收集观众的

意见和建议，不断改进剧情和角色设定，增强观众的参与感。

⑤ 话题多样。情景剧形式的新媒体视频涉及的话题丰富多样，包括生活趣事、职场故事、友情、爱情等，能够满足不同观众的观看需求。

⑥ 制作成本相对较低。与传统的电视剧、电影相比，情景剧形式的新媒体视频制作成本较低，更适合个人或小型团队创作。

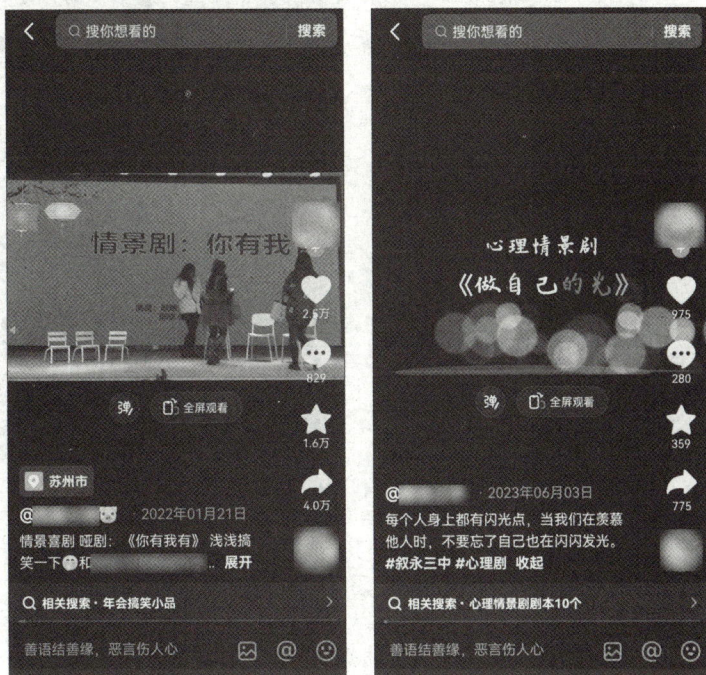

图 1-23

1.3.6　Vlog 形式

Vlog（Video Blog，视频日志）是一种以视频形式呈现的网络博客，允许用户通过录制和分享自己的日常生活、旅行经历、兴趣爱好等，以直观、生动的方式与观众互动。Vlog 在网络上广泛传播，吸引了大量粉丝，成为一种非常受欢迎的内容创作形式，如图 1-24 所示。Vlog 形式的新媒体视频具有以下特点。

① 视频形式。Vlog 以视频为主要表现形式，通过影像和声音的结合，为观众提供更丰富、更真实的感官体验。

② 个性化内容。Vlog 通常以第一人称视角展现 Vlog 创作者的日常生活和兴趣爱好，具有较明显的个性化特点。

③ 生动直观。Vlog 通过视频记录生活中的点滴，让观众能够更直观地了解 Vlog 创作者的生活和想法。

④ 互动性强。Vlog 创作者通常会与观众互动，回复评论、解答问题等，增强观众的参与感和黏性。

⑤ 短小精悍。Vlog 时长一般为几分钟到十几分钟，内容紧凑，容易吸引观众的注意力。

图1-24

📓 课堂练习

通过手机上的视频平台观看视频，分别找到一个图文形式的视频和一个解说形式的视频。

章节实训

说说你手机里都有哪几个视频平台，说说你喜欢哪种展现形式的视频。

【实训目标】

了解视频的不同展现形式。

【实训思路】

1. 打开手机上的某个视频平台，观看 5 个视频。

2. 谈一谈你所观看的视频运用的是哪种展现形式。

思考与练习

一、填空题

1. 新媒体视频是指以 _____ 为基础，通过 _____ 进行传播和接收的一类视频内容。

2. 新媒体视频可以大致分为 4 种类型：_____、_____、_____ 和 _____。

3．常见的新媒体视频展现形式有 ＿＿＿＿＿＿、＿＿＿＿＿＿、＿＿＿＿＿＿、＿＿＿＿＿＿、＿＿＿＿＿＿ 和 ＿＿＿＿＿＿。

二、单项选择题

1．下列关于新媒体视频特点的说法错误的是（　　　）。

　　A．新媒体视频制作的门槛较低

　　B．新媒体视频传播速度快，覆盖范围广

　　C．网络中的每一个用户都可以是新媒体视频的发布者

　　D．新媒体视频暂时还不能实现内容的精准推送

2．下列不属于新媒体视频发展趋势的是（　　　）。

　　A．内容多样化和垂直化　　　　　　B．用户互动性与参与性增强

　　C．技术发展缓慢　　　　　　　　　　D．视频产业规范化

3．下列关于图文形式新媒体视频的说法，正确的是（　　　）。

　　A．可以通过图片形式展示故事情节、科普知识

　　B．不可以用来打广告

　　C．不能用来展现漫画

　　D．不能用来传递知识

三、判断题

1．新媒体视频能够重复播放，大大提高了视频的利用率。（　　　）

2．新媒体视频内容将更加多元化，涵盖更多领域和题材。（　　　）

3．图文形式的新媒体视频以图片和文字为主要表现形式，比较少见。（　　　）

四、问答题

1．新媒体视频的类型有哪些？

2．分别列出 3 个长视频平台和 3 个短视频平台，并分析不同平台有什么特点。

3．解说形式的新媒体视频有哪些特点？

五、技能实训

1．在手机上下载一个长视频 App，说说里面的视频有什么特点。

2．在手机上下载抖音 App，找出 3 个图文形式的视频，说出它们各自展现了什么内容。

第 2 章
新媒体视频拍摄与制作技能

学习目标

√ 掌握画面构图的基本原则和方法
√ 掌握视频拍摄中光线的运用技能
√ 了解视频拍摄过程中的运动镜头
√ 了解视频剪辑的基本知识

课前思考

《舌尖上的中国》（简称《舌尖》）无疑是十分优秀的国产美食纪录片，通过网络将中国美食展现给世界。《舌尖》以中国各地美食为题材，通过多个侧面，展现食物给中国人生活带来的仪式、伦理等方面的影响，让观众见识中国特色食材以及与食物相关、构成中国美食特有气质的一系列元素，让观众了解中华饮食文化的博大精深和源远流长。

拍摄《舌尖》的摄影师，拥有多年纪录片拍摄经验。与倡导冷静旁观的拍摄手法不同，《舌尖》大量采用贴近式拍摄手法，用微距拍摄食物，用 GoPro 拍摄主观镜头，借鉴了很多广告拍摄的手法。总之，《舌尖》力求让观众看到以往看不到的画面，勾起观众的食欲。

思考题：

1. 结合以上内容，分析拍摄制作美食类视频过程中拍摄技巧的重要性。
2. 分析《舌尖》任意一段视频中用到的构图技巧、光线、运镜方式。

2.1　画面构图的设计

扫一扫

新媒体视频的画面构图设计是视频拍摄中非常重要的一环。合理的构图可以让画面的主题表达更准确、视觉重点及层次感更明显，让作品富有表现力和感染力。

2.1.1　构图的基本元素

新媒体视频画面通常是由主体、陪体和环境三种基本元素构成的，如图 2-1 所示。

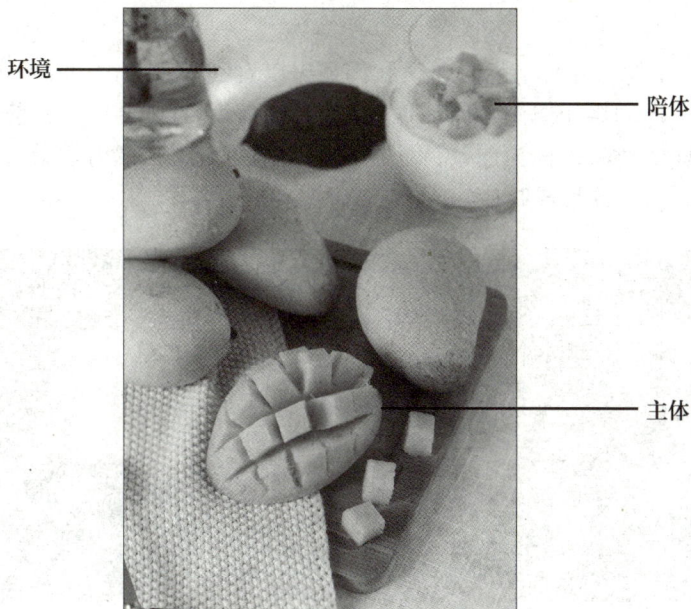

图 2-1

1. 主体

　　主体就是画面中的主要表现对象，它既是画面的内容中心，也是画面的结构中心，还是视觉中心。主体既可以是一个对象也可以是几个对象，既可以是一个人也可以是一棵树，不论主体是什么，都要保证主体的突出。一般来说，突出主体的方法有两种：一种是直接突出主体，让被摄主体充满画面，使其处于突出的位置，再配合适当的光线和拍摄手法，使之更为引人注目，如图 2-2 所示；另一种是间接表现主体，即渲染环境烘托主体，这时的主体不一定要占据画面的大部分面积，但会占据比较显眼的位置，如图 2-3 所示。

图 2-2

图 2-3

2. 陪体

　　陪体的主要作用就是突出主体。如果说主体是一朵红花，那么陪体就是绿叶。由于陪体的衬托，整幅画面的视觉语言会更加生动、活泼。需要注意的是，陪体主要是用来突出主体的，切忌喧宾夺主，主次不分。图 2-4 中，主体为人物，旁边的花朵为陪体。

3．环境

在拍摄画面中，除了主体和陪体外，我们还可以看到其他元素，其是环境的组成部分，对主体、情节起一定的烘托作用，以加强主题思想的表现力。环境包括前景和后景两个部分：处在主体前面的对象，称为前景；处在主体后面的对象，称为背景。图2-5中交代了丰富的环境信息，与主体形成呼应。

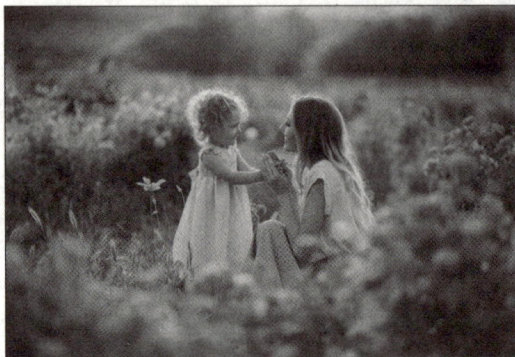

图2-4　　　　　　　　　　　　　　　　　　图2-5

2.1.2　构图的基本原则

构图能够创造画面造型，表现节奏和韵律，直接体现空间美学，有着丰富的表现力，其主要作用就是通过精心的设计和布局，使视频画面更加生动、有趣、具有艺术美感，从而吸引观众的注意力。在新媒体视频拍摄过程中，摄影师需要了解新媒体视频画面构图的一些基本原则，才能拍摄出优秀的新媒体视频作品。

1．画面简洁

画面简洁是新媒体视频构图最重要的原则之一。新媒体视频的画面简洁包括两个方面。

① 内容简洁（见图2-6）。视频中尽量删除与主题不相关的元素，保持背景自然干净，方便观众理解视频的内容。

② 色彩简洁（见图2-7）。视频中的画面色彩不宜过多，因为如果画面中的色彩太多，容易造成画面混乱，分不清主次。

图2-6　　　　　　　　　　　　　　　　　　图2-7

2. 主体突出

画面主体突出也是新媒体视频构图的主要原则之一。评价构图的水准，主要看主体的表现力如何，与画面其他部分的关系是否和谐。画面中要有一个主体，这并不意味着前景、后景不能有其他人物存在，不意味着画面中不允许有几个人甚至上百人，而是要有主次，主次分明、重点突出是构图的基本要求。比如在图 2-8 中，有多个人物，但是很明显只有一个人物是主体。

3. 画面均衡

均衡是获得良好构图的一个重要原则，均衡的画面能给人视觉上的形式美感。简单来说，均衡是指在线条、形状、明暗、色彩等方面达到协调，它是一幅画面协调、完整、富有美感的决定因素之一。均衡不是将画面均分，而是在视觉上能感觉到画面稳定，既不头重脚轻，也不左右失衡。均衡也不是对称，对称的照片常常给人沉闷感，而均衡的照片绝不会在视觉上引起不适。摄影师要达到均衡这一境界需要让画面中的形状、颜色和明暗区域互相补充与呼应，如图 2-9 所示。

图 2-8　　　　　　　　　　　　　　　　图 2-9

2.1.3　常见的构图方法

拍摄视频和摄影，虽然一个是拍摄动态画面，另一个是拍摄静态画面，但是二者本质上没有区别。在新媒体视频拍摄的过程中，无论是移动镜头还是静止镜头，拍摄的画面实际上是由多个静态画面组合而成的，因此摄影中的一些构图方法同样适用于新媒体视频拍摄。下面介绍常用的构图方法。

1. 中心构图法

中心构图是将主体放置在画面中心进行构图。这种构图方法的最大优点就在于主体突出、明确，而且画面容易达到左右平衡的效果，是最简单、最常用的构图法。当主体比重较大，而画面中缺乏其他景物时，最好采取中心构图法，否则主体的偏移会造成强烈的失衡感。采用中心构图法的时候，最好采用画面简洁（见图 2-10）或者与主体反差较大的背景（见图 2-11），以更好地烘托被摄主体。

图 2-10

图 2-11

2. 九宫格构图法

如果把画面当作一个有边框的长方形，把左、右、上、下四条边都三等分，然后把这些对应的点连起来，画面中就构成一个井字，画面被分成大小相等的九个方格，井字的四个交叉点就是趣味中心。四个交叉点中的任意一点都可以安排主体的位置，如图 2-12 所示，可以实现对主体人物的有效突出。需要注意的是，在九宫格构图中，主体不一定要放在交叉点，将想要表现的主体安排在接近这个点的位置，同样可以很好地突出主体，如图 2-13 所示。

图 2-12

图 2-13

3. 三分构图法

在介绍三分构图法之前，我们先来了解一下黄金分割。黄金分割是指将整体一分为二，较大部分与整体的比值等于较小部分与较大部分的比值，比值约为 0.618。这个比例被公认为最能引起美感的比例。黄金分割点是最容易引起人注意并且让画面有动感的点。常用的构图包括"黄金螺旋"（见图 2-14）和"黄金九宫格"（即九宫格构图法）。

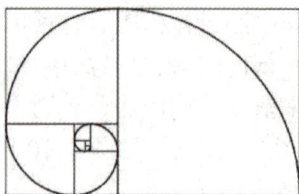

图 2-14

三分构图实际上是黄金分割的简化版，是指将画面分成三等份，又分为垂直三分构图和横线三分构图，可以避免画面过于对称，从而增加画面的趣味性，减少呆板感。图 2-15 所示为横线三分构图，将牛群放在了画面的 1/3 处。图 2-16 所示为垂直三分构图，和阅读一样，人们看图片时视线习惯由左向右移动，视点往往落于右侧，所以在构图时把主要景物、醒目的形象放置在右边，能收到更好的效果。

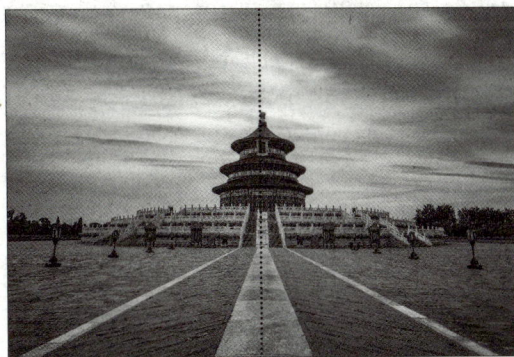

图 2-15

图 2-16

4. 对称构图法

对称构图是将画面分成轴对称或者中心对称的两部分，给观众平衡、稳定的感觉。对称构图可以突出被摄主体的结构，一般用于建筑物的拍摄。需要注意的是，使用对称构图时，并不一定要完全对称（见图 2-17），做到形式上的对称即可，如图 2-18 所示。

图 2-17

图 2-18

5. 引导线构图法

引导线构图就是利用线条将观众的视线引到画面想要表现的主要物体上，如图 2-19 所示。引导线可以是河流、车流、光线、长廊、街道、一串灯笼和车厢等。只要是有方向的、起引导视线作用的连续的点或线，我们都可以称之为引导线。

6. 框架构图法

框架构图很独特，在场景中布置或利用框架，将要拍摄的内容放置在框架里，将观众的视线引向远处的物体，如图 2-20 所示。画面中的框架其实更多的是起到引导的作用，进而使主体更为突出。框架的选择是多种多样的，可以是门框、桥洞等物体，也可以利用其他景物搭建框架。

图 2-19

图 2-20

7. 水平线构图法

水平线构图，就是以景物的水平线作为参考，用比较水平的线条来展现景物的宽阔和画面的和谐，给人一种宁静、舒适和稳定的感觉，主要用于表现宏阔、宽敞的大场面，如图 2-21 所示。如拍摄平静如镜的湖面、微波荡漾的水面、一望无际的平川、广阔平坦的原野、辽阔无垠的草原、赤朱丹彤的日出、层峦叠嶂的远山及大型会议合影等，经常会用到水平线构图。

8. 垂直线构图法

垂直线构图是由垂直线条组成画面，竖向安排主体，能将被摄景物表现得高大而富有气势，如图 2-22 所示。垂直线构图能够给人稳定、平衡的感觉，能充分显示景物的高大和深远。其常用于表现森林中的参天大树、险峻的山石、飞泻的瀑布、摩天大楼，以及竖向直线组成的其他画面。垂直线构图不仅可以表现单一的竖向物体，当多个竖向物体同时出现时，还可以将画面的整体形式感展现得更加具体。

图 2-21

图 2-22

9. 对角线构图法

对角线构图就是被摄主体沿着画面的对角线排列，画面能够表现出很强的动感、不稳定性和生命力，如图 2-23 所示。对角线构图中的线条可以是任何形式的线条，比如光影、实体线条等。

10. S 形构图法

S 形构图法是指被摄主体以 S 形从前景向中景和后景延伸，如图 2-24 所示，使画面具有纵深感，让画面更加生动。S 形构图可有力地表现场景的空间感和韵律感，不仅适合表现山川、河流、公路等，还适合表现人体或物体的曲线。

图 2-23

图 2-24

11. 三角形构图法

三角形构图是指以三个视觉中心为景物的主要位置，形成一个稳定的三角形，画面给人以安定、均衡、踏实之感，同时又不失灵活。三角形构图可以是正三角形构图、倒三角形构图和不规则三角形构图。其中正三角形构图能营造出稳定的画面，给人以舒适之感，如图 2-25 所示；倒三角形构图具有一种开放性及不稳定性，因而营造一种紧张感；不规则三角形构图则具有灵活性和跳跃感。

图 2-25

12. 辐射构图法

辐射构图法是以被摄主体为中心，让景物呈向四周扩散放射的构图形式，画面的视觉冲击力强。辐射构图向外扩展的方向感和动感都很明显，可以很容易地找出中心，经常用于需要突出主体且比较复杂的场合，也用于使主体在较为复杂的环境中产生特殊效果。辐射构图法有两大特点：一是增强画面的张力，比如在自然风光类的视频中，使用辐射构图法拍摄阳光穿过云层的画面，可以有效地增强画面的张力，如图 2-26 所示；二是突出画面主体，辐射构图的中心明显，可以突出主体，有时也会给人局促、沉重的感觉，如图 2-27 所示。

图 2-26

图 2-27

13. 留白构图法

留白构图，就是剔除和被摄主体关联性不强的物体，形成留白，让画面更加精简，更容易突出主体，给观众留下想象的空间。留白不等于空白，它可以是单一色调的背景，可以是干净的天空、路面、水面、雾气、草原、虚化了的景物等，重点是简洁，不会干扰观众视线，能够突出主体，如图 2-28 所示。留白还体现为空间延伸，比如借助人物视线，可以有效地延伸画面，给人留下更多的想象空间，如图 2-29 所示。

图 2-28

图 2-29

2.1.4　不同景别的空间表现

景别是指由于摄影机与被摄主体的距离不同，被摄主体在摄影机画面中所呈现出的范围大小的区别。景别一般可分为五种，由近至远分别为特写（指人体肩部以上）、近景（指人体胸部以上）、中景（指人体膝部以上）、全景（人体的全部和周围部分环境）、远景（被摄主体所处环境）。在视频中，导演和摄影师利用复杂多变的场面调度和镜头调度，交替使用各种不同的景别，可以使剧情的叙述、人物思想感情的表达、人物关系的处理更精准，从而增强视频的感染力。

1. 特写

特写一般用于表现成年人肩部以上或某些被摄主体细节部分的视频画面，如图 2-30 所示。特写镜头往往能将人物细微的表情和某一瞬间的所思所想传达给观众，常被用来细腻地刻画人物性格，表现其情绪。特写镜头有时也用来突出某一物体细节部分的特征，揭示特定含义。特写是视频中刻画人物、描写细节的独特表现手段，如果用焦距 35 毫米以下的广角镜头拍摄，还可获得夸张人物肖像的效果。

特写在视频中可以起到类似音乐中的重音的作用，它能够突出重要细节，建立和强化人物关系，增强视频的节奏感，在视觉上贴近观众，容易给人以视觉上、心理上的强烈冲击。特写并不是孤立存在的，它经常与其他景别结合使用，共同创造出独特的蒙太奇效果。特写镜头因具有极其鲜明、强烈的视觉效果，在一部视频中不能滥用。视频中还常将特写镜头作为转场手段。

2. 近景

近景一般用于表现成年人胸部以上或物体局部的视频画面，如图 2-31 所示。近景可以使观众看清展示人物心理活动的面部表情和细微动作，使观众仿佛置身于事件中，容易引起观众的共鸣。

图 2-30

图 2-31

3. 中景

中景一般用于表现成年人膝盖以上或场景局部的视频画面，如图 2-32 所示。中景可使观众看清人物上身的形体动作和情绪交流，有利于交代人与人、人与物之间的关系，是表演场面的常用镜头，常被用作叙事性的描写。在一段视频中，通常中景占有较大的比例。这就要求导演和摄影师在处理中景时注意使人物和镜头调度富于变化，构图新颖优美。中景处理的好坏，往往是决定一段视频造型成败的重要因素。

4. 全景

全景一般用于表现成年人全身或周围部分场景的视频画面，如图 2-33 所示。全景可以使观众看清人物的形体动作以及展现人物和环境的关系。全景镜头通常用于统领一组镜头的总角度，它的拍摄应在其他景别的拍摄之前，以确保后续镜头的光线、影调、色调能够与其衔接。为使观众看清画面，全景镜头的时长一般不应少于 6 秒。

5. 远景

远景常用于表现广阔的视频画面，如图 2-34 所示，如自然景色、盛大的群众活动场面等。远景较为宽广，以表现环境气势为主，人物在画面中显得较小，相当于从较远的距离观看景物和人物，看不清细节。在视频拍摄中，远景常用来展示事件发生的环境，并在抒发情感、渲染气氛方面发挥作用。由于远景所包括的内容多，观众看清画面所需的时间也相应延长，因此远景镜头的时长一般不应少于10秒。

图 2-32    图 2-33

图 2-34

2.1.5　不同景深的画面层次

镜头对着被摄主体完成聚焦后，位于被摄主体前后方的景物所形成的可呈现清晰影像的纵深范围被称为景深。因为该范围内画面的清晰程度不一样，所以景深又被分为深景深、浅景深。深景深，背景清晰；浅景深，背景模糊。浅景深可以有效地突出被摄主体，通常在拍摄近景和特写镜头时采用；而深景深则起到交代环境的作用，表现被摄主体与周围环境及光线之间的关系，通常在拍摄自然风光、大场景和建筑等时采用。

光圈、焦距以及镜头到被摄主体的距离是影响景深的三个重要因素：光圈越大（光圈值越小）景深越浅（背景越模糊），光圈越小（光圈值越大）景深越深（背景越清晰）；镜头焦距越长，景深越浅，镜头焦距越短，景深越深；被摄主体离镜头越近，景深越浅，被摄主体离镜头越远，景深越深。

景深的作用主要表现在两个方面：表现被摄主体的深度（层次感）、突出被摄主体。景深能增强画面的纵深感和空间感，如物体在同一水平线上，有规律且远近不同地排列着，呈现出大小、虚实的不同，就会让画面的空间感、纵深感变得非常强，如图 2-35 所示。当拍摄的画面背景杂乱、主体不突出时，直接拍摄，画面毫无美感，而使用浅景深将背景模糊，便可以有效地突出主体，如图 2-36 所示。

图 2-35

图 2-36

课堂练习

分析下面一组图片都使用了哪些构图方法、景别和景深。

请分析图 2-37、图 2-38、图 2-39、图 2-40 都使用了哪些构图方法、景别和景深，并以 100 ～ 200 字的报告形式呈现。

图 2-37

图 2-38

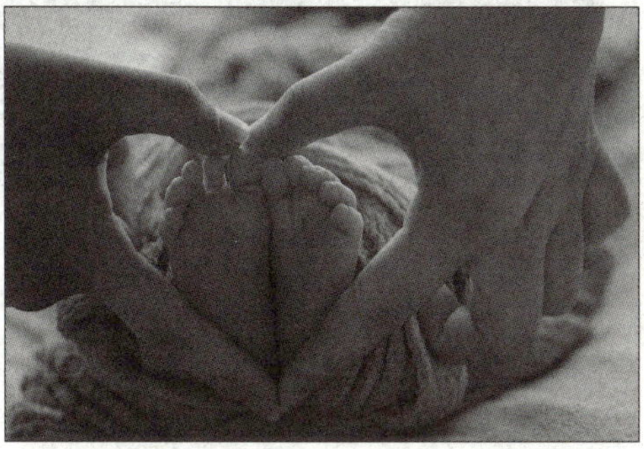

图 2-39

图 2-40

2.2　光线的运用

在新媒体视频拍摄的过程中，摄影师时时刻刻都在与光线打交道。就像画家借助画笔创作出一幅画作，摄影师则运用光线去描绘一个影像，一

扫一扫

些地方用光，一些地方用影，就像画笔有颜色、轻重之分，通过它们的穿插组合，重塑画面元素。如果摄影师能够巧妙地设计与运用光线，就可以拍摄出令观众赏心悦目、印象深刻的画面，从而提高新媒体视频的内容质量，吸引粉丝关注。

2.2.1　不同光源的运用

使用不同的光源，视频呈现给观众的画面效果是不同的，因此拍摄新媒体视频时要合理利用光源。光源一般可以分成两大类：自然光源和人造光源。

1. 自然光源

自然光源是自然界中自身可以发光的物体，常见的自然光源就是太阳，自然光源发出的光是自然光。随着时间的推移，自然光的强弱和方向都会发生变化。因此，自然光是比较难把控的。但是由于自然光源比较容易被观众接受，因此摄影师在拍摄视频时依然会使用它。图 2-41 所示就是以太阳作为主光源拍摄的户外郊游画面。

2. 人造光源

人造光源就是指人类创造出的可以发光的物体，常见的人造光源有各种日光灯、手机的闪光灯、蜡烛的烛光等。人造光源的可控性较强，摄影师在拍摄新媒体视频时，可以通过调整人造光源的强弱、方向及角度等，获得一些特殊的效果，增强画面的视觉冲击力。在图 2-42 中，灯串作为光源，使画面更具氛围感、更明亮。

图 2-41

图 2-42

2.2.2　硬质光和软质光

拍摄所用光线可分为硬质光和软质光。

1. 硬质光

硬质光即强烈的直射光，如晴天的阳光、聚光灯下的灯光、回光灯下的灯光等，晴天的阳光是最强的硬质光。被摄主体在强光的照射下，明暗对比强烈、立体感强，细节及质感很好地展现出来，如图 2-43 所示。硬质光下，被摄主体能形成投影，不但可以增强画面的纵深感和透视效果，而且能够增强画面的气氛与美感。所以硬质光适合表现人物的个性、特定主题以及营造画面的气氛。

2. 软质光

软质光也叫柔光、散射光等，是一种漫散射性质的光，没有明确的方向，在被照物上投影不明显，如阴天的光线、大雾中的阳光等。我们也可以使用一些配件或方法来实现光线的柔化，如在闪光灯上附加一些能使光线散射的装置（如柔光箱、柔光纸、反光伞等）。软质光的特点是光线柔和、强度均匀，形成的影像反差不大，被摄主体不突出和质感较弱，被摄主体细腻、柔和、色彩还原比较准。图 2-44 所示为借助软质光拍摄的画面。

图 2-43

图 2-44

2.2.3　不同光位的运用

光位指光源相对于被摄主体的位置，即光线的方向和角度。同一被摄主体在不同的光位下会产生不同的效果。常见的光位有顺光、侧光、逆光、顶光和底光等，如图 2-45 所示。

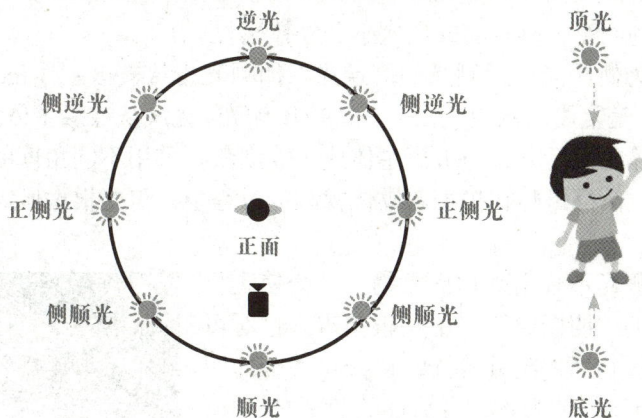

图 2-45

1. 顺光

顺光也叫正面光，指的是光源投射方向和拍摄方向相同的光线。顺光拍摄时，被摄主体受到均匀照明，画面影调比较柔和，能表现出被摄主体表面的质地，比较真实地还原被摄主体的色彩。顺光拍摄人像时，可掩饰脸部皱纹、斑疮，对人物起美化作用，如图 2-46 所示。

　　但是顺光下画面的色调和影调只能靠被摄主体自身的色彩来营造，画面缺乏层次和光影变化，空间立体感也较弱，艺术感不强。因此，我们可以通过画面中的线条和形状来凸显透视感，从而突出画面中的主体。

图 2-46

2. 侧光

　　侧光指从侧面射向被摄主体的光线。侧光能使被摄主体有明显的受光面和背光面，轮廓清晰，形成明显的阴影，有鲜明的层次感和立体感。

　　侧光又可细分为侧顺光、正侧光和侧逆光。侧顺光指从被摄主体正面45度角方位照射过来的正面侧光，是常用的光线；正侧光指90度侧光，光线从被摄主体正侧面照射过来；侧逆光来自被摄主体的侧后方，与被摄主体成135度角。采用不同角度的侧光，可以突出被摄主体的不同部位。摄影师在拍摄新媒体视频的过程中，需要根据所需的画面效果采用不同角度的侧光。

　　一般来说，正侧光不宜用来拍摄人物，它会使人物形成一半明一半暗的"阴阳脸"，不是很美观。这时可以使用闪光灯等对人物面部暗处补光，以减小面部的明暗反差。但在表现有个性的人物或者男性的阳刚之气时，经常会用到正侧光，如图 2-47 所示。采用侧逆光可以拍摄出具有轮廓美感的发丝光效果，如图 2-48 所示。侧顺光兼具顺光与侧光两种光线的特征。采用侧顺光拍摄既可以保证被摄主体的亮度，又可以使其明暗对比得当，有很好的塑形效果，如图 2-49 所示。侧顺光是单光源补光时较理想的光线。

图 2-47

图 2-48　　　　　　　　　　　　　　　　图 2-49

3. 逆光

逆光也叫作背光、轮廓光，是从被摄主体的背面投射过来的光线。逆光拍摄时，光线照射的方向与镜头取景的方向在同一条轴线上，但方向完全相反。逆光拍摄能够清晰地勾勒出被摄主体的轮廓，被摄主体只有边缘部分被照亮，从而形成轮廓光或者剪影的效果，这对表现人物的轮廓特征，以及把物体与物体、物体与背景区分开来都极为有效。逆光拍摄能够获得造型优美、轮廓清晰、影调丰富、质感突出和生动活泼的画面效果。摄像师在逆光拍摄时，需要注意背景与陪体以及时段的选择，还要考虑是否需要使用辅光等。

在图 2-50 中，在逆光的照射下，被摄主体的发丝更明显，身体的边缘线条也呈现出来，人物显得更立体；而且摄影师恰当地运用了眩光，使画面产生了朦胧、唯美、浪漫的效果。

4. 顶光和底光

顶光，顾名思义，就是从上方照射下来的光线。这种光线会使凸出来的部分更明亮、凹进去的部分更昏暗。例如，它会使人物的额头、颧骨、鼻子等凸出的部位被照亮，而使眼睛、人中等位置出现阴影。顶光通常用来反映人物的特殊精神面貌，如图 2-51 所示。

底光则是指从下方照射上来的光线。底光更多出现在戏剧舞台照明中，低角度的反光板、广场的地灯、桥下水流的反光等也带有底光的性质。图 2-52 所示为用底光拍摄得到的画面。

图 2-50

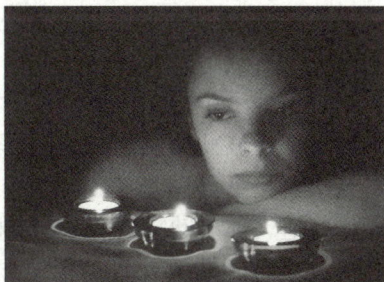

图 2-51　　　　　　　　　　　　图 2-52

2.2.4 拍摄角度的选择

拍摄角度是决定画面构成的重要因素之一，拍摄角度往往能决定画面的性质。在相同场景中从不同角度拍摄到的画面，所表现的情感是完全不同的。在拍摄过程中，拍摄者要根据需要表达的含义，选择好拍摄角度。拍摄角度取决于拍摄方向、拍摄高度和拍摄距离。其中拍摄距离是景别的决定因素之一，2.1.4 小节已经讲过景别，下面介绍拍摄方向和拍摄高度对画面的影响。

1. 拍摄方向

拍摄方向是指以被摄主体为中心，在同一水平面上围绕被摄主体选择拍摄点，即平常所说的前、后、左、右，或者正面、正侧面、斜侧面和背面方向。在拍摄距离和拍摄高度不变的情况下，不同的拍摄方向可展现被摄主体不同的形象，以及主体与陪体、主体与环境的不同关系。

（1）正面方向

正面方向拍摄即摄像机对着被摄主体的正面拍摄，利于表现被摄主体的正面特征。采用正面方向拍摄可以看到画面中人物的完整面部特征及神情，如图 2-53 所示，有利于画面人物与观众面对面地交流，增强了亲切感。由于被摄主体的横向线条容易与取景框的水平边框平行，所以正面方向拍摄很适用于拍摄建筑，展现其庄重、静穆以及对称的结构。但是，采用正面方向拍摄会使画面缺少立体感和空间感，不利于表现运动、动感的场景，而且大量的平行线条会影响画面构图的艺术性。

图 2-53

（2）正侧面方向

正侧面方向拍摄，即摄像机对着被摄主体的正左方或正右方拍摄，如图 2-54 所示。正侧面方向用于拍摄人物有独特之处。一是有助于突出人物正侧面的轮廓，容易表现人物面部轮廓和姿态，更容易展示拍摄主体的侧面形象。拍摄人与人之间的对话情景时，若想在画面中展示双方的神情、彼此的位置，正侧面方向拍摄常常能够照顾周全，不致顾此失彼。摄影师在拍摄会谈、会见等双方有交流的场景时，常常采用这个方向拍摄。二是正侧面方向拍摄由于能较好地表现运动物体的动作，显示其运动中的轮廓，展现出运动的特点，因此常用来拍摄体育比赛等以表现运动为主的画面，如图 2-55 所示。当然，正侧面方向拍摄也有不足之处，那就是它不利于表现立体空间。

<table>
<tr><td>图 2-54</td><td>图 2-55</td></tr>
</table>

（3）斜侧面方向

摄影师从斜侧面方向拍摄被摄主体时，摄像机的镜头位于被摄主体的正面和正侧面之间，从斜侧面方向既可以拍摄被摄主体的正面部分，又可以拍摄被摄主体的侧面部分。斜侧面方向是指偏离正面角度，或向左或向右环绕对象移动到的侧面角度，是较为常用的拍摄方向之一，如图 2-56 所示。当拍摄方向偏离正、侧面角度较小时，往往对正、侧面的形象变化影响不大，可在正面和侧面之间选择适当的拍摄位置，表现被摄主体正面或侧面的形象特征，这样往往能达到形象生动的效果。

（4）背面方向

背面方向拍摄即摄像机对着被摄主体的背面拍摄。背面方向是个很容易被忽略的拍摄方向，其实利用好这个特殊的拍摄方向，常常可以获得某种意想不到的效果。背面方向拍摄可以让观众产生较强的参与感，许多记者都采用这个拍摄方向来进行追踪式采访，作品具有很强的纪实效果。背面方向拍摄常用于表现主体人物，可以将主体人物与背景融为一体，表明背景中的事物就是主体人物所关注的对象，如图 2-57 所示。

<table>
<tr><td>图 2-56</td><td>图 2-57</td></tr>
</table>

2. 拍摄高度

拍摄高度是指摄像机镜头与被摄主体垂直平面上的相对位置或相对高度，包括摄像机镜头的光轴与水平面所成的夹角，又称垂直拍摄角度。拍摄高度有平角度、仰角度、俯角度和顶角度。采用不同的拍摄高度会产生不同的构图变化。

（1）平角度

平角度是指镜头与被摄主体处在同一水平面上的角度。平角度拍摄接近人眼观察事物的方式，符合人的正常心理特征和观察习惯。利用平角度拍摄出的画面在结构、透视、景物大小对比等方面与人眼观察所得的图像大致相同，能使人感到亲切、自然，如图2-58所示。

（2）仰角度

仰角度是指镜头的位置低于被摄主体的位置，镜头向上拍摄的角度。仰角度拍摄会使画面产生仰视效果，能够使景物显得更加高大雄伟；使画面中的地平线降低，甚至在画面下方之外，从而可以突出主体；将次要的物体、背景置于画面的下部，使画面更加干净，如图2-59所示。

图2-58

图2-59

（3）俯角度

俯角度是指镜头的位置高于被摄主体的位置，镜头向下拍摄的角度。俯角度拍摄会使画面中的地平线明显升高甚至在画面上方之外，从而可以表现被摄主体的正面、侧面和顶面，增强被摄主体的立体感和画面空间的层次感，有利于展示场景内的景物层次、规模，常被用来表现宏大场面，给人以宽广辽阔的视觉感受，采用俯角度拍摄的效果如图2-60所示。

（4）顶角度

顶角度是指摄像机的位置与地面近乎垂直，在被摄主体上方拍摄的角度。这种角度由于改变了人们正常观察事物时的视角，画面各部分的构图有较大的变化，会给观众带来强烈的视觉冲击，如图2-61所示。

图2-60

图2-61

📖 **课堂练习**

分析例图中各图的用光角度。

请分析图 2-62 所示的各图的用光角度，并分析各图的用光角度能带来什么样的效果。

图 2-62

2.3　运动镜头的巧用

运动镜头又称为移动镜头，是指通过移动摄像机，或者改变镜头光轴、变换镜头焦距拍摄的镜头。在直播过程中，既有静止镜头也有运动镜头。在进行直播时，摄影师常常需要通过运镜来展现主播和产品。

运动镜头主要有两种拍摄方式：一种是将摄像机安放在各种可以运动的物体上，另一种是摄影师扛着摄像机进行拍摄。两种拍摄方式都力求平稳。

常见的运动镜头有推镜头、拉镜头、摇镜头、移镜头、跟镜头、甩镜头和升降镜头。

2.3.1　推镜头

推镜头是在被摄主体位置不变的情况下，向前缓缓移动或急速推进摄像机所拍摄的镜头。随着摄像机的前推，画面景别逐渐从远景、中景变为近景，甚至是特写，画面里的次要部分逐渐被推至画面之外，主体部分或局部细节逐渐被放大，占满画面。

推镜头的主要作用是突出被摄主体，使观众注意力相对集中、视觉感受得到加强，进入审视的状态。推镜头符合人们在实际生活中由远到近、从整体到局部、由全貌到细节观察事物的习惯。推镜头前、推镜头后的效果如图 2-63、图 2-64 所示。

图 2-63

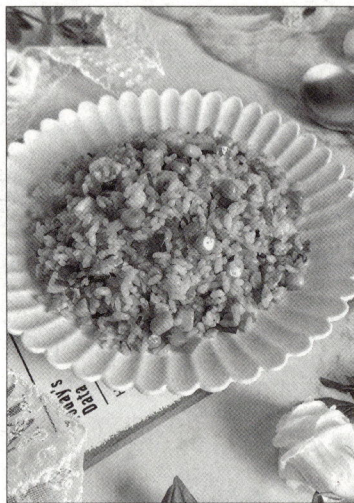

图 2-64

推镜头有以下几种方式：
① 拍摄者不动，通过向前伸展手臂来推镜头；
② 手臂保持不动，通过向前移动脚步来推镜头；
③ 在手机上通过变焦来推镜头，如从广角端变焦至长焦端。

2.3.2 拉镜头

拉镜头则与推镜头相反，它是摄像机向后移动，逐渐远离被摄主体所拍摄的镜头。镜头取景范围由小变大，逐渐把陪体或环境纳入画面；被摄主体由大变小，其表情或细微动作逐渐不再清晰，与观众的距离也逐步加大；画面景别由特写或近景、中景变成全景、远景。

拉镜头的主要作用是通过把被摄主体重新纳入一定的环境，提醒观众注意被摄主体所处的环境，或者被摄主体与环境之间的关系。拉镜头前、拉镜头后的效果如图 2-65、图 2-66 所示。

图 2-65

图 2-66

2.3.3　摇镜头

摇镜头是摄像机本身不移动，借助于活动底盘使镜头上下、左右移动，甚至旋转拍摄得到的镜头。摇镜头犹如人们转动头部环顾四周，或将视线由一点移向另一点的视觉效果。一个完整的摇镜头包括起幅、摇动、落幅 3 个连贯的部分。从起幅到落幅的运动过程中，观众不断调整自己的关注点。左右摇镜头常用来表现大场面，上下直摇镜头常用来展示高大物体的雄伟、险峻。摇镜头在逐一展示景物时，还能使观众产生身临其境的感觉。摇镜头如图 2-67 所示。

图 2-67

2.3.4　移镜头

移镜头类似生活中人们边走边看的视觉效果，无论被摄主体是静止还是处于运动之中，因为镜头的移动，被摄主体都会呈现出位置不断改变的态势，充满动感，如图 2-68 所示。移镜头的拍摄是最灵活的，但容易造成画面抖动，这时就要用到稳定器来辅助拍摄。

图 2-68

移镜头通过摄像机的移动扩充了画面的造型空间，创造出独特的视觉艺术效果，在表现大场面、大纵深、多景物、多层次的复杂场景时具有气势恢宏的造型效果。

2.3.5 跟镜头

跟镜头是摄像机的拍摄方向与被摄主体的运动方向成一定角度，且摄像机与被摄主体保持等距离运动进行拍摄的镜头。跟镜头大致可以分为前跟、后跟（背跟）和侧跟 3 种情况。前跟是从被摄主体的正面拍摄，也就是摄影师倒退拍摄；背跟和侧跟是摄影师在被摄主体背后或一侧跟随拍摄。跟镜头具有被摄主体不变，背景不断变化的画面特征，被摄主体在画面中的位置相对固定，画面景别也相对固定。跟镜头可以连续而详细地表现运动主体在运动中的动作和神情，既能突出被摄主体，又能交代其运动方向、速度、体态及其与环境的关系，使画面有特别强的空间感。

跟镜头与移镜头虽然从拍摄形式上看都有摄像机跟随被摄主体运动这一特点，但二者还是有明显区别的。跟镜头是一直跟随固定的被摄主体拍摄的，主要表现的是被摄主体，如图 2-69 所示；移镜头往往没有固定的被摄主体，随着镜头的移动，所表现的内容不断更替，被摄主体也不断变化，更多表现空间环境。

图 2-69

2.3.6 甩镜头和升降镜头

甩镜头是快速移动摄像机，从一个静止画面快速甩到另一个静止画面的镜头，中间影像模糊，变成光流。其常用于表现人物视线的快速移动或某种特殊视觉效果，能使画面具有突然性和爆发力。

升降镜头是指摄像机在升降机上做上下运动所拍摄的画面，是一种从多个视点表现场景的方法。在拍摄过程中，由于摄像机的升降而不断改变视点的高度，以变换画面的空间。上升镜头是指摄像机从平摄慢慢升起，形成俯视拍摄，以显示广阔的空间；下降镜头则是指摄像机慢慢下降，形成仰视拍摄。

课堂练习

分析本节案例素材中的素材视频都用到了哪些运动镜头技巧。

2.4　剪辑技能的提升

进行新媒体视频拍摄的时候，通常并不是一气呵成完成完整视频拍摄的，很多时候会进行多次多片段拍摄，因此在视频拍摄完成后，剪辑人员还需要对其进行剪辑。剪辑人员进行视频剪辑需要掌握一定的剪辑知识、剪辑工具、素材资源等。

扫一扫

2.4.1　剪辑知识储备

视频剪辑就是对视频内容、素材进行选取，对音乐、字幕、特效等内容进行合适的搭配和处理，进而剪辑出一个故事情节清晰、画面生动、主题有趣和视听体验流畅的视频。剪辑人员要想剪辑出更有吸引力和感染力的视频作品，了解剪辑视频的基础知识和学习正确的剪辑技巧是非常重要的。

1. 剪辑思路

剪辑人员在进行视频剪辑时，需要明确视频的主题和情节逻辑，把握视频的整体思路，再通过动作剪接技巧、转场技巧等各种剪辑技巧，将不同的视觉素材和声音素材分解组合，形成一个叙事连贯、脉络清晰的完整视频。视频的剪辑思路如下。

（1）明确主题

在开始进行视频剪辑之前，剪辑人员需要先明确故事的主题和所要传达的信息，这样才能够有针对性地进行剪辑。

（2）整体构思

构思好视频的整体结构，分析场景结构和角色关系，确定剧情的发展轨迹和节奏，可以帮助剪辑人员安排镜头的顺序和时长，以达到较好的叙事效果。

（3）素材筛选

剪辑人员在进行剪辑时，首先要对拍摄的视频进行粗略的选择，选出视频中比较有代表性的关键镜头，这些镜头能够准确传达故事的关键情节和情感。

（4）剧情分析

剪辑人员通过合理调整筛选出的视频片段的顺序，使故事紧凑又富于变化，达到有效带动观众情绪的目的；然后删除视频片段中的冗余内容，使剧情更加紧凑、简洁。

（5）节奏掌控

剪辑人员通过控制剪辑镜头的长短、快慢、切换方式等来调整剧情的节奏，以适应情感和氛围的变化。

（6）背景音乐的运用

背景音乐是剪辑中最重要的元素之一，能够加强画面的感染力和辅助情绪表达，使观众更好地投入剧情。剪辑人员在剪辑过程中精确匹配背景音乐和画面，使其相互呼应和协调，营造出更加完整和统一的视听体验。

2. 镜头画面的衔接

对多数人来说，剪辑思路是抽象的，其实剪辑思路就是镜头画面的衔接。剪辑视频就是将视频的镜头逐个分析，找出其中的关系，然后对视频进行重构，创造出新的视频。镜头画面的衔接方式有很多种，这里介绍 3 种常用的方式。

（1）由总到分

由总到分就是剪辑人员在剪辑的过程中，使视频画面由大环境到小环境，再到细节。

（2）由分到总

由分到总与由总到分正好相反，就是剪辑人员在剪辑的过程中，使视频画面从细节到小环境，再到大环境。

（3）动势衔接

动势衔接就是把某一个动作或事件的过程拆分成很多个视频画面（不同角度、不同机位）来呈现。使用这种方式需要注意的是，每个视频画面前后的衔接点要把握准确。

3. 视频剪辑的流程

（1）确定故事情节

剪辑人员在剪辑视频时，首先需要明确视频剪辑的故事情节，根据场景与角色的关系，确定整个视频的主题和脉络，明确视频想要表达的内容和情感。

（2）整理素材

剪辑人员需要将视频素材整理出来，进行筛选和分类，设置标签和关键词，以便在剪辑过程中寻找需要的素材，提高剪辑工作的效率。

（3）安排剧情结构

剪辑人员将素材安排在一个合适的剧情结构之下，按照故事情节和情感的发展顺序进行剪辑，突出视频中的亮点与重点，运用转场等方式使整个视频情节和情感发展流畅而不突兀。

（4）选择配乐

根据整个剧情的发展和节奏，选择合适的背景音乐，增强视频整体的情感色彩、氛围和节奏感，并与视频素材搭配。

（5）添加特效和字幕

剪辑人员通过添加特效和字幕，增强视频整体的视觉效果和语言表达效果。例如，叠加动态文字或贴图，调整色调和亮度等。

（6）视频导出

在视频剪辑完毕后，剪辑人员将视频导出到投放的平台，以便下一步进行推广。

在视频剪辑过程中，剪辑人员需要对视频内容、素材的选取以及音乐、字幕、特效等内容做出恰当的搭配和处理，创造出更有吸引力和感染力的视频作品。剪辑人员最终所剪辑出来的视频，应该呈现出清晰的故事情节、生动的画面、有趣的主题，以及给人流畅的视听体验。

2.4.2 剪辑工具

俗话说"工欲善其事，必先利其器"，在视频剪辑的过程中，后期的剪辑工作对新媒体视频最终的成片效果起到了非常重要的作用。

新媒体视频后期剪辑工具的重要性在于它能够帮助用户对视频进行更加精细的处理和调整，使得最终的视频效果更加出色。通过使用视频后期剪辑工具，用户可以进行剪辑、添加特效、调整色彩、更改音乐等操作，从而将自己的想法和创意更好地表达出来。

新媒体视频后期剪辑工具有很多，下面介绍几个常用的剪辑工具。

1. 剪映

剪映是一款视频剪辑应用程序。剪映最初是一款手机视频编辑工具，带有全面的剪辑功能，支持变速，有多种滤镜和美颜的效果，还有丰富的曲库资源。自 2021 年 2 月起，剪映支持在手机移动端、Pad 端、Mac 计算机、Windows 计算机全终端使用。图 2-70 所示为剪映手机移动端的操作界面，图 2-71 所示为剪映 PC 端的操作界面。

图 2-70

图 2-71

剪映提供了丰富的工具和功能，包括视频剪辑、音频处理、特效添加、滤镜应用等。用户可以使用这些工具轻松地制作专业的视频作品，并分享到社交媒体平台。此外，剪映还提供了许多模板和样式，让用户可以快速地将视频制作成精美的作品。

2. 快影

快影是一款快手旗下的视频编辑工具，可用于创作游戏、美食和段子等视频。该工具功能强大，简单易用，是创作有趣视频的好帮手。此外，它还是一款非常不错的图片处理工具，拥有多种构图模式，可以帮助用户记录生活点滴。图 2-72 所示为快影手机端的操作界面。

3. 快剪辑

快剪辑是一款功能齐全、操作便捷、支持在线边看边剪的软件。用户使用快剪辑可以大大提高视频制作效率，简单快速地完成剪辑并分享自己的作品。

快剪辑拥有海量定制化视频模板，可以满足不同行业用户的剪辑需求，适用于电商营销、内容营销、短视频创作等场景，为有视频剪辑需求的中小机构或个人提供一站式视频创作服务。

快剪辑的特点是功能齐全、操作便捷。它集云端素材

图 2-72

管理、视频剪辑创作、内容分发于一体，拥有视频裁剪、合成、截取等功能，支持添加文字、音乐、特效、贴纸等操作，用户进入网站首页即可开始创作，不需要剪辑基础，一键快速成片。快剪辑目前支持两种剪辑方式：模板剪辑和自由剪辑。

快剪辑的剪辑模式是在线剪辑、边剪边传，大大提升视频剪辑效率。制作的视频可以直接存储在云端，不需要占用本地内存，同时实现云端渲染视频，突破本地设备性能瓶颈，支持成品下载到本地和一键分享。此外，快剪辑拥有超大容量云端素材库，支持多素材同时上传，实时预览。目前快剪辑已推出 SaaS 版、iOS 版、Android 版和 PC 版。图 2-73 所示为快剪辑 PC 端操作界面。

4. Premiere Pro

Premiere Pro 是由 Adobe 公司基于 Mac 和 Windows 开发的一款非线性剪辑软件，被广泛应用于电视剧制作、广告制作和电影制作等领域，在短视频的后期制作领域应用也十分广泛。

Premiere Pro 拥有强大的视频编辑能力和灵活性，易学且高效，可以充分发挥使用者的创造能力。其操作界面如图 2-74 所示。

图 2-73   图 2-74

5. Adobe After Effects

Adobe After Effects（简称 AE）是一款行业标准的动态图形和视觉效果软件，可用于电影、电视剧、视频和网页设计等领域。它可以帮助用户高效且精确地创建无数种引人注目的动态图形和震撼人心的视觉效果。该软件提供了许多功能，如创建电影级影片字幕、片头和过渡，从剪辑中删除物体，点一团火或下一场雨，将徽标或人物制成动画等，并具有高度灵活的 2D 和 3D 合成工具以及数百种预设的效果和动画。其操作界面如图 2-75 所示。

图 2-75

2.4.3 素材资源

新媒体视频的素材资源一部分来自日常拍摄，另一部分来自日常积累，新媒体视频行业迅速发展，各类新奇的视频不断涌现，只有快速找到又新又好的视频素材，才能帮我们快速制作出高质量的新媒体视频。下面介绍几个常见的新媒体视频素材资源网站。

1. Videvo

Videvo 是一个在线视频资源库，提供免费和付费的高质量视频素材供个人和企业使用。它成立于 2012 年，是一个受欢迎的视频内容平台。Videvo 的视频库包含了各种不同类型的素材，包括风景、城市、人物、动物、背景等。这些素材可以用于电影制作、广告宣传、社交媒体内容创作等不同用途。Videvo 界面如图 2-76 所示。

图 2-76

2. 爱给网

爱给网是一个内容非常丰富的素材网站，包括视频、音效、配乐、影视后期、3D 模型、平面设计等素材，并且每个视频素材都可以在线预览。剪辑人员在剪辑视频时若有配乐的需求，可以选择爱给网，因为爱给网有丰富的音效和音乐，按情绪、影视、游戏等分类，用户根据自己的视频题材可以在爱给网快速找到适合的配乐，界面如图 2-77 所示。

图 2-77

3. NewCGer

NewCGer 是一个致力于为广大影视后期设计师打造相互交流、分享作品与经验的互动平台的网站。该网站提供了免费 AE 模板和一些优秀的视频作品，供大家学习与参考。

NewCGer 是一个非常受欢迎的视频后期剪辑人员的互动平台，用户可以在上面获取各种有用的资源和信息，同时也可以与其他视频后期剪辑人员进行交流和分享。NewCGer 界面如图 2-78 所示。

4．VCG

视觉中国旗下网站 VCG 是一家拥有全球第三大图片公司 Corbis 图库版权的提供正版高清图片和视频下载服务的平台，同时也是拥有 1300 万个用户的全球摄影创作社交平台。此外，VCG 还提供了 AI 灵感绘图功能，用户输入文本描述且设置参数后，系统会自动进行图像创作，作品可以下载和使用。VCG 界面如图 2-79 所示。

图 2-78

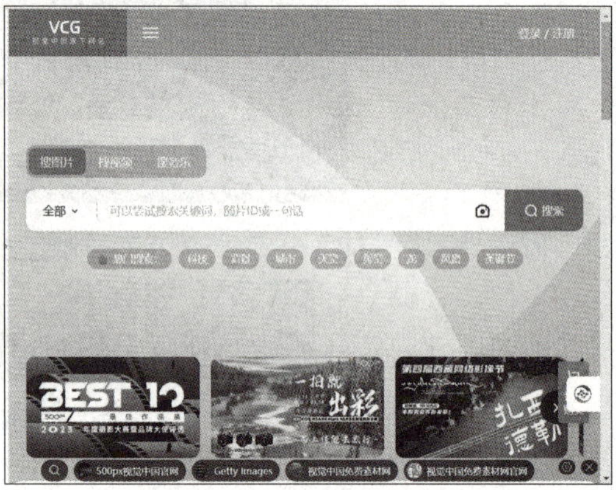

图 2-79

课堂练习

下载安装一个视频剪辑软件并尝试剪辑出一个时长约 1 分钟的视频。

章节实训

使用不同的运动镜头，拍摄学校的花园。

【实训目标】

掌握运镜转场的拍摄技法，合理构图，拍摄出唯美的画面。

【实训思路】

1．走近花园，对准一朵花，慢慢上抬手机镜头，展现出整个花园。

2．水平移动手机，横向展现花园。

3．选择一朵好看的花，进行近景拍摄，可以环绕运镜，展现其不同角度的美态。

思考与练习

一、填空题

1．新媒体视频画面通常是由 _____、_____ 和 _____ 三种基本元素构成的。

2．景别可以划分为 _____、_____、_____、_____ 和 _____ 五种。

3．推镜头的画面景别逐渐从 _____、_____ 变为 _____ 甚至是 _____。

二、单项选择题

1．下列关于构图的基本原则，不正确的是（　　　）。

    A．画面简洁　　　　B．色彩丰富　　　　C．主体突出　　　　D．画面均衡

2．关于画面构图，下面说法中错误的是（　　　）。

    A．中心构图是将主体放置在画面中心进行构图

    B．对称构图法讲究的是画面完全对称

    C．在九宫格构图中，主体不一定要放在交叉点，将想要表现的主体安排在接近这个点的位置即可

    D．引导线构图的引导线可以是河流、车流、光线、长廊、街道、一串灯笼和车厢

3．下列关于运动镜头的说法，正确的是（　　　）。

    A．甩镜头属于跟镜头　　　　　　　B．升降镜头属于跟镜头

    C．推镜头与拉镜头相反　　　　　　D．移镜头就是跟镜头

三、判断题

1．摇镜头是摄像机本身不移动，借助于活动底盘使镜头上下、左右移动，甚至旋转拍摄得到的镜头。（　　　）

2．构图基本原则之一的画面均衡就是说在拍摄新媒体视频时，画面要对称。（　　　）

3．跟镜头与移镜头是不同的，跟镜头主要表现的是被摄主体，而移镜头更多表现的是空间环境。（　　　）

四、问答题

1．什么是景别？

2．景深的作用是什么？

3．说出三种常用的推镜头的方式。

五、技能实训

1．分别使用远景、全景、中景、近景、特写拍摄一组相同主体的照片。

2．拍摄一段视频，要求至少使用三种运镜方式。

第3章
新媒体视频拍摄与制作前期准备

学习目标

√ 掌握视频脚本策划的方法

√ 掌握新媒体视频制作团队的人员配置和岗位职责

√ 熟悉新媒体视频拍摄的设备

课前思考

获得较高流量的新媒体视频通常都经过前期的仔细策划。营销类视频，如果只是生硬地介绍产品功能，很容易被观众跳过。但是如果将其策划为一个故事，就很容易通过故事情节吸引观众。例如，某短视频账号在与某手机品牌合作营销时，就将产品很好地与剧情结合起来，让产品的植入很自然，同时非常巧妙地宣传了产品的使用场景、常用功能、使用技巧等。片尾女主的口播，又直接传递了该手机品牌的电商销售渠道，让被产品内容激发起兴趣的观众，很快完成消费转化，很好地满足了当下电商客户的内容营销需求。该账号通过巧妙的内容策划，帮助电商品牌吸引与转化目标消费群体。

思考题：

1. 结合上面的案例，说说新媒体视频策划的重要性。
2. 该案例中，视频策划的切入点是什么？

3.1 新媒体视频定位与策划

新媒体视频定位与策划是新媒体视频制作过程中非常重要的环节。它涉及确定视频的目标受众、内容主题、风格特点等方面，从而为视频制作提供明确的方向和目标。

扫一扫

3.1.1 明确视频用户定位

新媒体视频用户定位是指针对不同视频网站的内容特点和用户群体特征，对用户进行分类，以便更好地满足用户需求和提高用户黏性。明确新媒体视频用户定位，需要分析不同网站的内容特点和用户群体特征，然后设计和选择视频内容和形式。同时，在新媒体视频

领域，账号的人设定位也至关重要，需要先进行客观分析，找到自己的优势和专长。下面以短视频为例，介绍如何进行用户定位。

1. 短视频的用户分析

要想做好短视频的用户定位，首先要对短视频的用户进行分析，明确目标用户，也就是说要明确拍摄的短视频是给哪些用户看的，这里的用户既包含短视频的观众也包含潜在的用户，然后分析目标用户的需求、属性和使用行为。只有这样才能拍摄出符合用户需求、精准传达信息、转化效果好的短视频。

（1）用户需求分析

视频创作者要想制作出高质量的短视频，首先要锁定目标群体，提炼目标群体的主要需求，有针对性地选择符合目标群体口味的短视频内容。

短视频的用户需求主要可以分为精神需求、实用需求和物质需求 3 个方面。

① 精神需求。在这个飞速发展的时代，人们在工作和生活中充满了压力，需要寻求一些解压方式，而短视频恰好能够满足人们的这一需求。短视频很快成为人们休闲娱乐、打发时间的工具。短视频之所以容易让用户着迷，是因为短视频有趣，而且适应了用户碎片化接收信息的需求。用户从一个个短视频中获得了快乐，缓解了压力。

② 实用需求。人们不仅可以通过观看短视频来进行娱乐、放松，满足精神需求，还可以通过观看短视频来获得知识。很多人为获取知识而观看短视频，也就是说人们对短视频的实用需求也是非常强烈的。例如，很多知识科普类短视频凭借着实用性、高效性、趣味性受到了广大用户的青睐。

③ 物质需求。短视频除了能够满足用户的精神需求和实用需求外，还能满足用户的物质需求。由于当前社会环境下，人们的生活节奏比较快，人们的购物方式逐渐由线下转移到了线上。很多商家通过短视频销售产品，用户在观看短视频时，很容易被那些物美价廉、经济实惠、物超所值的产品吸引。用户即便当下并不需要该产品，也容易采取购买行为。这都是因为短视频运营者抓住了用户的物质需求。

（2）用户属性分析

用户的属性包括性别（见图 3-1）、年龄（见图 3-2）、学历（见图 3-3）、地域等。

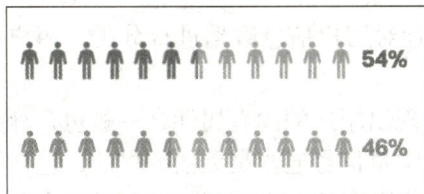

图 3-1

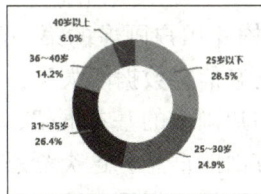

图 3-2

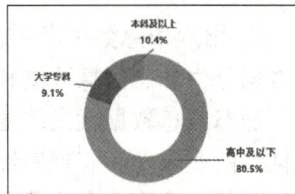

图 3-3

（3）用户使用行为分析

短视频平台作为以视频为载体的聚合平台，在用户生活中的覆盖面越来越广，社交属性越来越明显，与短视频结合已经成为社交平台发展的新方向。短视频用户使用习惯的变化推动短视频应用时长增加。用户的使用行为分析包括用户使用场景（见图 3-4）、使用时段（见图 3-5）、使用频率、使用时长（见图 3-6）及使用动机等的分析。

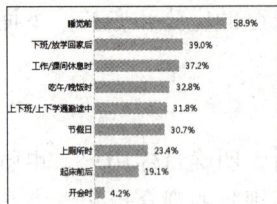

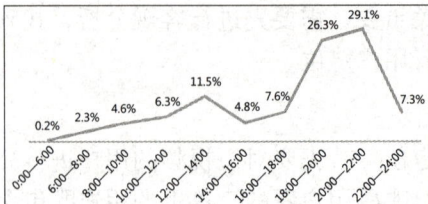

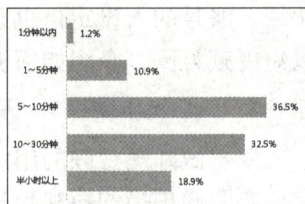

图 3-4 　　　　　　　　　　　　图 3-5 　　　　　　　　　　　　图 3-6

2. 短视频的用户画像

视频创作者想要打造出爆款短视频，除了要做好用户分析外，还要在账号对应的垂直领域中构建用户画像，了解用户偏好，进一步挖掘出用户的具体需求。

（1）什么是用户画像

用户画像是真实用户的虚拟代表，是建立在一系列真实数据之上的目标用户模型，简而言之就是标签化的用户信息。根据很多目标用户的行为、观点的差异，将其分为不同类型，然后将相同类型的用户特点组织在一起，这样就形成了一个类型的用户画像。

（2）用户画像的意义

用户画像有利于视频创作者进行换位思考，切实做到"以用户为中心"，挖掘用户需求和痛点，确保视频内容能够满足用户的需求、解决用户的痛点。这样的短视频才能吸引目标群体，快速引起用户共鸣，进而实现精准营销。

（3）构建用户画像

为了让构建短视频用户画像的工作有秩序、有节奏地进行，我们可以将构建用户画像分为以下 5 个步骤：用户信息数据分类，确定用户使用场景，获取静态信息数据，获取动态信息数据，形成用户画像，如图 3-7 所示。

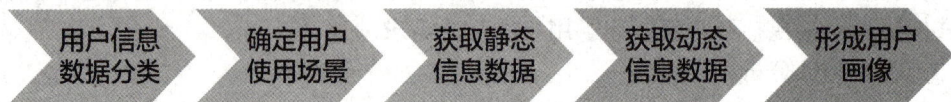

图 3-7

① 用户信息数据分类。构建用户画像的第一步是对用户信息数据进行分类。用户信息数据分为静态信息数据和动态信息数据两大类。

静态信息数据就是构建用户画像的基本框架，展现出用户的固有属性，一般包含社会属性、商业属性和心理属性方面的信息。这类静态的常量信息通常是无法穷尽的，包括姓名、年龄、性别、家庭状况、地址、学历、职业、婚姻状况等。视频创作者不需要全部关注，只需选取符合自己需求的用户信息。

动态信息数据主要是指用户的网络行为数据，包括搜索、收藏、评论、分享、加购、下单、付款等。动态信息数据的选择也需要符合短视频账号的定位。

用户信息数据的具体分类如图 3-8 所示。

② 确定用户使用场景。视频创作者在确定了用户的信息数据类别后，还不能形成对用户的全面了解，还需要把用户的特征融入一定的使用场景，才能还原用户形象。

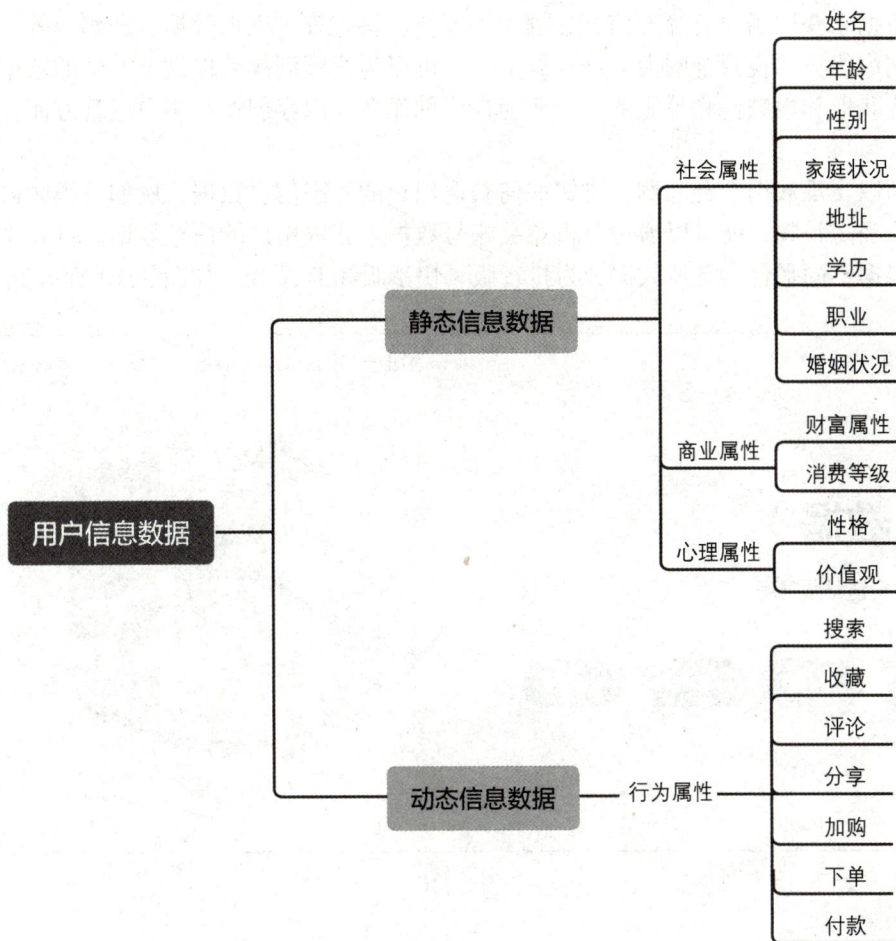

图 3-8

确定用户使用场景，通常采用的是经典的 5W1H 法，如图 3-9 所示。

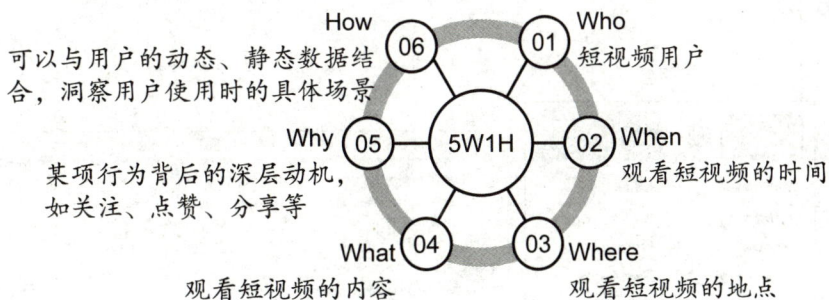

图 3-9

③ 获取静态信息数据。用户画像要建立在客观数据的基础上才有意义。在获取用户信息数据的过程中，视频创作者可能需要对数以千计的样本数据进行统计和分析。由于用户静态基本信息数据的重合度较高，为了节省时间和精力，我们可以通过相关网站分析竞

品账号数据来获取用户的静态信息数据，如新抖、抖查查、飞瓜数据、蝉妈妈等。这些网站都是国内优秀的视频全网大数据开放平台，可以为视频创作者提供全方位的数据查询、用户画像获取和视频监测等服务，从而为视频创作者在内容创作和用户运营方面提供数据支持。

下面以飞瓜数据平台为例，讲解如何获取用户的静态信息数据。例如，视频创作者要制作美妆类短视频，就可以通过分析竞品账号数据来获取用户的信息数据。打开飞瓜数据网站，根据不同平台，飞瓜数据分为抖音版、快手版和 B 站版，如图 3-10 所示。

图 3-10

单击"抖音版"，打开"抖音版"飞瓜数据，单击"达人"→"达人库"，可以看到"搞笑""情感""剧情""美食""美妆"等类别，如图 3-11 所示。此处选择"美妆"，就可以看到"美妆"类的博主榜单。

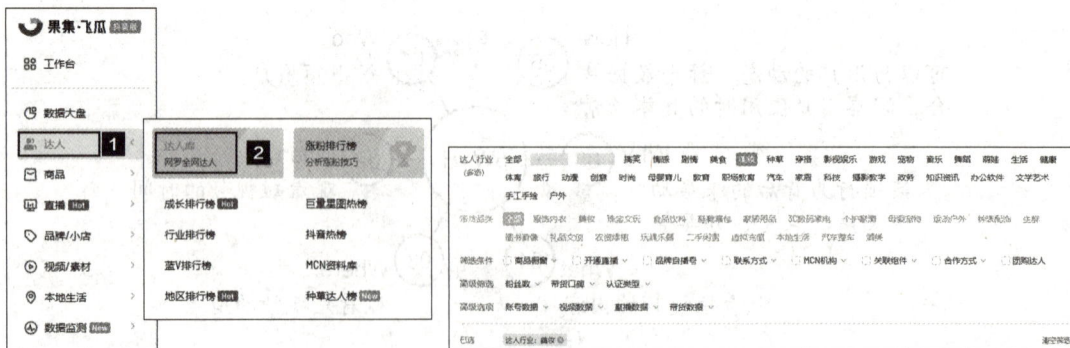

图 3-11

在榜单中，视频创作者可以选择与自身账号内容表现形式比较接近的账号。单击进入相应账号后可以看到"数据概览""视频作品""种草视频""直播记录""带货商品""粉丝分析"等多类数据，单击"粉丝分析"，可以看到基本的静态信息数据，如性别分布、年龄分布、地域分布等，如图 3-12 所示。

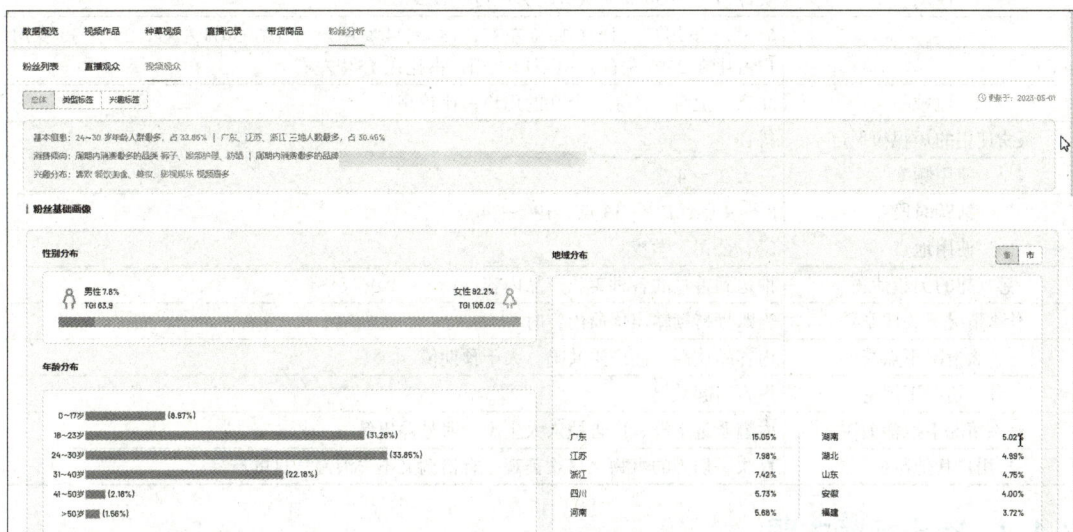

图 3-12

视频创作者可以选取多个与自己的账号定位相似度高的账号查看其静态信息数据，然后对数据进行归类，这样就可以确定本账号用户画像的静态信息数据了。

④ 获取动态信息数据。用户动态信息数据可以通过第三方数据平台得到，如图 3-13 所示，但更多的是通过问卷调查、用户深度访谈等方式获得的。

图 3-13

用户深度访谈属于定性分析，访谈者通过与受访者深入沟通来获取有价值的、细致的信息，因此需要受访者理解、回忆和思考。需要注意的是，在就短视频进行深度访谈时，如果访谈者直接询问用户对某条视频的感受及为何关注账号，他们可能无法给出明确的答案，这个时候，访谈者就要扮演一个优秀的倾听者的角色，在受访者讲述时认真倾听，以便获悉他们做决定的心态，深入挖掘用户点赞、转发某条短视频及关注某账号的原因。

⑤ 形成用户画像。获取用户信息数据之后，视频创作者就可以对数据进行分析加工，提炼关键要素，构建可视化模型，描绘出大概的美妆类短视频账号的用户画像，如表 3-1 所示。

表 3-1　美妆类短视频账号的用户画像

信息类别	详细信息
性别	女性占比为 80%～90%，男性占比较少
年龄	6～17 岁用户占比在 10% 左右，18～24 岁用户占比在 50% 左右，25～30 岁用户占比在 25% 左右，30 岁以上用户占比在 15% 左右
地域	北京、上海、广东、浙江的用户占比较高
最常使用的短视频平台	抖音
使用频率	一天 3～4 次
活跃时段	8～9 点、12～13 点、19～24 点
使用地点	家、公司、学校
感兴趣的美妆话题	推送到首页的各种美妆产品内容
什么情况下关注账号	当账号持续输出优质内容时
什么情况下点赞	内容品质高，能产生共鸣，大于预期值
什么情况下评论	内容引起共鸣
什么情况下取消关注	内容质量下滑、广告植入太生硬、账号停更等
用户其他特征	喜欢一切美的事物，喜欢美观、有格调又不失浪漫气息的产品

3.1.2　确定视频主题

确定视频主题是制作视频过程中的重要步骤，有助于确保视频内容的连贯性。

1. 确定视频主题的意义

（1）利于内容规划

确定视频主题可以帮助视频创作者更有针对性地规划视频内容，确保视频专注某个领域或主题，确保视频系统、有条理，从而使观众能够理解和接受视频内容。

（2）利于为观众提供良好的观看体验

明确的视频主题可以使视频更具吸引力，让观众在短时间内了解视频的核心内容，从而获得良好的观看体验。

（3）利于被搜索引擎识别和推荐

明确的视频主题有助于搜索引擎更好地识别和推荐视频，从而提高视频的搜索排名和曝光度。

（4）利于推广和营销

确定视频主题有助于视频创作者更有针对性地进行推广和营销，如通过社交媒体等将视频推送给对该主题感兴趣的用户，从而加强视频的传播效果。

（5）利于建立个人品牌或树立企业形象

长期坚持一个主题的视频创作，可以帮助视频创作者在观众心中树立专业的形象，从而为个人品牌的建立或企业形象的树立打下基础。

2. 如何确定视频的主题

确定新媒体视频的主题可以从以下几个方面进行考虑。

（1）源于兴趣

选择一个你自己感兴趣的主题。这样你才能在制作视频的过程中保持动力，并在视频中传递出积极的态度，吸引观众关注。

（2）足够了解

确保你对所选主题有足够的了解。这样你才能为观众提供有价值的信息和见解，使他们愿意观看你的视频。

（3）忠于受众需求

了解你的目标受众，了解他们关心的问题、需求和兴趣。这样你才能制作出符合他们口味的视频内容，吸引他们关注你的频道。

（4）了解竞争对手

查看主题类似的新媒体视频，了解竞争对手的情况。选择一个竞争相对较小、有发展空间的主题，以便在众多视频中脱颖而出。

（5）关注热点

关注当前的时事热点、流行趋势和热门话题，结合这些热点为你的视频选择主题。这样可以吸引更多观众关注你的视频。

（6）具有创意和独特性

尽量选择具有创意和独特性的主题，为观众提供新鲜感。这样可以增加你的视频的吸引力，使其脱颖而出。

（7）具有可持续性

为了确保所选主题具有可持续性，视频创作者可以长期制作相关内容。这样才能获得稳定的粉丝群体，使账号持续发展。

3.1.3　策划视频脚本

视频脚本是视频创作的关键，用于指导整个视频的拍摄方向和后期剪辑，具有统领全局的作用。通过撰写视频脚本，视频创作者可以提高视频的拍摄效率与拍摄质量。

视频脚本大致分为 3 类：拍摄提纲、分镜头脚本和文学脚本。选择脚本类型时，视频创作者可以根据视频的拍摄内容而定。

（1）拍摄提纲

拍摄提纲是指视频的拍摄要点，只对拍摄内容起到提示作用。若要拍摄一些不容易掌控和预测的内容，如新闻纪录片、街边采访等，拍摄提纲作用较大。

拍摄提纲对摄影师的限制较小，摄影师可发挥的空间比较大，但是对视频后期的指导作用较小。所以，如果要拍摄的视频没有很多不确定因素，一般不需要拍摄提纲。

拍摄提纲一般包括时间线、拍摄场景和话术，拍摄提纲模板如表 3-2 所示。

表 3-2　拍摄提纲模板

序号	时间线	拍摄场景	话术
1			
2			
……			

（2）分镜头脚本

分镜头脚本以文字的形式将影视画面进行分解，其适用于指导拍摄故事性强的视频，对拍摄团队有很大帮助，但是分镜头脚本对画面的要求比较高，要求在较短的时间展现出一个情节性强的内容，所以创作起来比较耗时耗力。

分镜头脚本通常包括镜号、镜头角度及运动、景别、时长、画面内容、字幕及音效项目，分镜头脚本模板如表 3-3 所示。

表 3-3　分镜头脚本模板

镜号	镜头角度及运动	景别	时长	画面内容	字幕	音效
1						
2						
……						

（3）文学脚本

文学脚本是通过文字描述镜头语言的台本。其不像分镜头脚本那么细致，一般适用于不需要剧情的视频创作。例如，教学视频、测评视频、拆包裹视频等。

文学脚本中只需要规定出镜者需要做的任务、说的台词、选用的镜头和时长即可，文学脚本模板如表 3-4 所示。

表 3-4　文学脚本模板

序号	任务	台词	镜头	时长
1				
2				
……				

📖 **课堂练习**

设计一场班级联欢会的分镜头脚本。

3.2　新媒体视频制作团队的组建

随着网络时代的不断发展，新媒体视频领域的竞争越来越激烈，视频创作者要想使自己的新媒体视频从众多的视频作品中脱颖而出，就需要使新媒体视频的制作越来越专业。

扫一扫

而新媒体视频制作涉及多个环节，包括编剧、策划、摄像、后期、美术设计、配音等，需要多个专业人才的合作才能完成。同时，视频制作也需要一定的设备和资金投入，个人难以承担全部成本。因此，组建一个专业的视频制作团队是有必要的，这样不仅可以降低成本、提高效率，同时可以保证视频的质量和艺术效果。

3.2.1　新媒体视频制作团队的构成及岗位职责

在组建新媒体视频制作团队时，首先需要确定团队的规模和人员角色。一般来说，新媒体视频制作团队岗位及基本职责如表 3-5 所示。

表 3-5　新媒体视频制作团队岗位及基本职责

序号	岗位	基本职责
1	导演	负责整体视频的创意、策划和执行，对视频的质量和效果负责
2	摄影师	负责视频的拍摄工作，包括镜头选择、光线布置、场景布置等
3	剪辑师	负责视频的后期剪辑工作，包括剪辑、调色、音效处理等
4	编剧	负责视频的脚本创作，包括设计故事情节、台词等
5	演员	负责表演工作，根据剧本进行演绎
6	运营	负责视频的推广、数据分析、与粉丝互动等

3.2.2　新媒体视频制作团队的人员配置

对一个刚刚组建的新媒体视频制作团队来说，清晰明确的人员配置可以让团队成员各司其职，发挥才能，快速地投入工作，高效产出成果。同时，在建立团队的过程中一定要注意团队人员的配比，合理的配比可以令后期的工作开展得更加顺利，在后期团队规模不断扩大的时候也能做到有章可循，保障拍摄团队的稳定性。

新媒体视频团队按照团队规模、人员技能和设备配置可以划分为低配团队、中配团队和高配团队。

1. 低配团队

低配团队的规模较小，人员技能也比较有限，设备配置相对简单，低配团队的人员配置如表 3-6 所示。

表 3-6　低配团队的人员配置

序号	项目	标准
1	团队规模	一般由 1～3 人组成，可能只有一名核心成员负责策划、拍摄和剪辑等工作
2	人员技能	团队成员的技能相对有限，通常只有一人能熟练掌握拍摄和剪辑等基本技能
3	设备配置	使用的设备较为简单，如入门级相机、手机或基本的灯光设备和话筒等

2. 中配团队

中配团队的规模中等，人员具备相对专业的技能，设备配置较专业，中配团队的人员配置如表 3-7 所示。

表 3-7　中配团队的人员配置

序号	项目	标准
1	团队规模	一般由 3～10 人组成，包括导演、摄影师、剪辑师、运营等多个岗位，分工相对明确
2	人员技能	团队成员具备一定的专业技能，如专业的拍摄技巧、剪辑技能和营销策略等
3	设备配置	使用的设备相对专业，如专业相机、镜头、灯光设备和录音设备等

3. 高配团队

高配团队的规模较大，人员具备专业技能，设备配置非常专业，高配团队的人员配置如表 3-8 所示。

表 3-8　高配团队的人员配置

序号	项目	标准
1	团队规模	一般由 10 人以上组成，包括策划、摄影师、剪辑师、运营、营销等多个岗位，分工非常明确
2	人员技能	团队成员具备专业技能，如专业的导演、摄影师、剪辑师等，同时具备丰富的市场营销经验
3	设备配置	使用的设备更专业，质量要求更高，如高清晰度的摄像机和灯光设备、专业的音频设备等。此外，高配团队还会配备一些便于团队沟通和协作的设备，如对讲机、监视器等

需要注意的是，这些配置标准仅供参考，实际团队的配置可能因项目需求和预算等因素而有所不同。

📖 **课堂练习**

同学们自由分组，按照不同的团队规模、人员技能、设备配置等组建合适的视频制作团队。

3.3 新媒体视频的拍摄设备

"工欲善其事，必先利其器"，视频创作者要想进行视频的拍摄，首先要准备拍摄设备。用户可以根据自己的需求及预算选择合适的拍摄设备。

扫一扫

3.3.1 新媒体视频的常用拍摄设备

新媒体视频的常用拍摄设备包括智能手机、微单相机、单反相机、无人机、GoPro等，如图3-14所示。

智能手机　　　微单相机　　　　单反相机

无人机　　　　GoPro

图3-14

1. 智能手机

随着5G时代的到来，智能手机已经成为新媒体视频拍摄的常用设备。通过智能手机，用户可以随时随地拍摄视频，并通过各种社交媒体平台进行分享。如今，智能手机的摄影功能已经非常强大，可以实现智能场景识别、智能人脸识别等诸多功能，让智能手机的摄影功能可以媲美专业产品。同时，智能手机的防抖功能也得到了极大的提升，可以有效解决画面抖动问题，提高视频质量。

2. 微单相机

微单相机也是一种常用的新媒体视频拍摄设备。与智能手机相比，微单相机所拍摄的视频的清晰度更高，因此现在很多人都用微单相机拍摄视频。而且相比于单反相机，微单相机具有时尚的外观、轻巧的设计和简单的操作界面，更适合初学者使用。微单相机的拍摄效果非常出色，可以满足新媒体视频拍摄的需求。

3．单反相机

单反相机是一种常见的新媒体视频拍摄设备，具有高画质和便携性等优点。近年来，单反相机的视频拍摄功能得到了进一步的提升，不仅支持高清视频的拍摄，还具备全景、延时、慢动作等多种拍摄模式。同时，单反相机还配备了内置陀螺仪、定位系统和大容量内存等，可以满足不同场景的拍摄需求。对新媒体视频制作爱好者和专业人士来说，单反相机是一种非常值得购买的拍摄设备。

4．无人机

无人机是一种非常有用的新媒体视频拍摄工具，可用以进行不同角度的拍摄，为视频制作带来更多的可能性。无人机高度灵活，可以快速移动到指定位置，拍摄不同角度和高度的画面，为观众提供独特的视角；而且相较于传统的搭乘直升机拍摄，无人机拍摄成本更低，且操作简单，易于掌握。用无人机拍摄新媒体视频是一种新兴的拍摄方式，其利用无人机携带的高清摄像头，通过无线网络将视频信号传输到互联网上，让观众可以在计算机、手机等设备上实时观看视频或观看录制好的视频。

5．GoPro

GoPro 是一款知名的新媒体视频拍摄工具，其以出色的画质和便携性受到了广大用户的喜爱。GoPro 是一款非常受欢迎的运动相机，其拍摄优势较多，使用场景非常广泛。首先，GoPro 的防抖性能非常出色，可以拍摄出非常稳定的视频画面，即使在运动中也可以获得稳定的画面效果。其次，GoPro 的成像效果很好，无论是日间还是夜间的拍摄效果都不错，而且还可以拍摄出非常清晰的 4K 视频。再次，GoPro 还具有防水的功能，非常适合户外运动和冒险活动的拍摄，如滑雪、跳伞、潜水、攀岩等。最后，GoPro 非常适合自驾游、骑行、跑步等个人运动的拍摄，可以记录下运动过程中的美好瞬间。

3.3.2　新媒体视频的拍摄辅助设备

拍摄新媒体视频除了要有实用的拍摄工具外，还需要一些辅助设备，如稳定设备、灯光辅助设备、录音设备等。

1．稳定设备

新媒体视频拍摄对稳定设备的要求非常高。视频创作者无论是使用智能手机、微单相机还是单反相机拍摄视频，为了保证画面稳定、清晰，都需要借助稳定设备。常用的稳定设备有自拍杆、手机支架、三脚架、独脚架和稳定器等。

（1）自拍杆和手机支架

自拍杆常与智能手机一起使用，自拍杆不仅可以让手机离身体更远，使镜头包括的内容更多，还可以有效保证手机的稳定性。有的自拍杆的把手可以变成小三脚架，可以随意放置在桌子或其他平面上，这样拍摄的时候更方便。自拍杆如图 3-15 所示。

手机支架种类很多，有多个机位（手机＋声卡＋话筒＋补光灯）一体的手机支架，如图 3-16 所示，也有独立的手机支架，还有落地的手机支架、台式的手机支架等。

视频创作者根据自己的需求选择即可，重点考虑的是稳定性好、体积小。

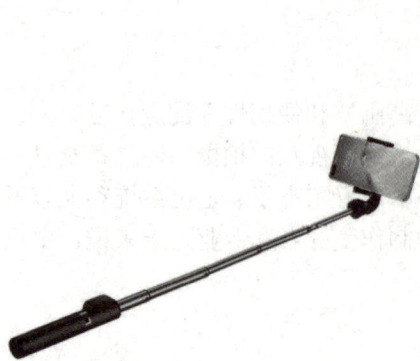

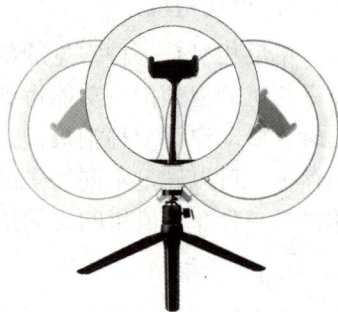

图 3-15   图 3-16

（2）三脚架和独脚架

对很多视频创作者来说，自己一个人拍摄时，三脚架和独脚架是不可或缺的，可以防止拍摄设备的抖动造成拍摄画面模糊。拍摄视频用的三脚架大概分两种。一种是小巧轻便的桌面三脚架，如图 3-17 所示，比较适用于拍摄美妆、"种草"和开箱类等视频，或者是在桌面上手工制作、写字和画画等视频。另一种是专业三脚架，如图 3-18 所示。拍摄视频的三脚架和拍摄照片的三脚架有所区别，通过独有的液压云台，支持顺滑、稳定地左右、上下摇动拍摄。

相对于传统的三脚架，独脚架的携带和使用更加方便灵活，在使用较重的长焦镜头时，独脚架可以用来减轻拍摄者手持的劳累，而且稳定性优于手持三脚架。独脚架如图 3-19 所示。

图 3-17   图 3-18   图 3-19

（3）稳定器

稳定器就是用于稳定拍摄的设备，属于辅助拍摄设备。使用稳定器，在运动和高速情况下也能拍摄出稳定流畅的画面。

当视频创作者在运动过程中拍摄，比如走路、奔跑时，如果徒手拿着手机、微单相机或者单反相机，拍摄出来的画面会剧烈抖动，因此，视频创作者需要在拍摄设备上安装上稳定器。现在的稳定器，可以分为手机稳定器（见图 3-20）、微单稳定器和单反稳定器（见图 3-21）。

2. 灯光辅助设备

视频创作者拍摄视频的场景是多样的，可能在室外拍摄，也可能在室内拍摄。有时候拍摄场景的光线不能满足拍摄需求，就需要借助一些灯光辅助设备进行照明或补光。

图 3-20   图 3-21

拍摄视频时，常用的灯具主要包括冷光灯、LED 灯、散光灯等。摄影师在使用这些灯具的时候，通常还需要搭配一些辅助设备，如柔光伞、反光伞和柔光箱等，使画面呈现某种光影效果。

（1）柔光伞

柔光伞是一把白色半透明的伞，伞布一般是白色的尼龙或棉布面料，如图 3-22 所示。

柔光伞的作用是使灯光更加柔和，摄影师通常将其装在摄影灯的前面。柔光伞能够使光线产生漫射，消除或减弱灯光阴影，从而使被摄物看上去柔和而细腻。柔光伞离灯泡越近，柔光效果越弱；柔光伞离灯泡越远，柔光效果越强。

（2）反光伞

反光伞是一种专用反光工具，利用灯光的反射光，使光线更加均匀柔和。反光伞有不同的颜色和作用：银色和白色的伞面，不改变闪光灯光线的色温；金色的伞面，可以使闪光灯光线的色温适当降低；蓝色的伞面，能够使闪光灯光线的色温适当提高。在日常拍摄视频时，常采用的反光伞大多是白色或银色的，如图 3-23 所示。

图 3-22   图 3-23

（3）柔光箱

柔光箱由反光布、柔光布、钢丝架、卡口四部分组成。柔光箱的作用就是柔化生硬的光线，使光质变得更加柔和，将其装在摄影灯上，发出的光更柔和，拍摄时能消除拍摄物上的光斑和阴影。其原理是在普通光源的基础上通过灯罩的扩散，使原有光线的照射范围变得更广，成为漫射光。柔光箱的种类很多，如方形柔光箱、八角形柔光箱、球形柔光箱等，如图 3-24 所示。

除了上述几种灯光辅助设备外，视频创作者还经常用到 LED 环形补光灯。LED 环形补光灯基于高亮的光源与独特的环形设计，使人物脸部受光均匀，更有立体感，并为皮肤带来填充光，让皮肤更显白皙光滑。而且 LED 环形补光灯外置柔光罩，让高亮的光线更加柔和均匀，在顶部与底部中央位置均设计有热靴座和用于固定单反相机支架的固定孔，可用于固定化妆镜、手机、相机等设备。LED 环形补光灯如图 3-25 所示。

方形柔光箱　　　　八角形柔光箱　　　　球形柔光箱

图 3-24　　　　　　　　　　　　　　　　　图 3-25

3. 录音设备

视频是图像和声音的结合，因此录音设备是不可或缺的。拍视频的时候我们会发现，无论是用手机还是微单相机或单反相机，收音效果都比较差，人声跟环境杂音混在一起，因此仅依靠内置话筒，是远远不够的，还需要外置话筒。比如情景剧类的视频，在拍摄过程中收不到声音，到后期制作时就会非常麻烦，因此需要用外置话筒单独收音，或者演员佩戴收音设备同步收音。常见的话筒包括无线话筒（又称"小蜜蜂"）和指向性话筒（也就是常见的机顶话筒），如图 3-26、图 3-27 所示。

图 3-26　　　　　　　　图 3-27

4. 其他设备

拍摄新媒体视频，除了需要用到稳定设备、灯光辅助设备、录音设备外，有时还需要用到摇臂、滑轨等。

（1）摇臂

全景镜头、连续镜头和多角度镜头等的拍摄，大多需要借助摇臂来完成，对摄影师来说，熟练操控摇臂已经成为必须要掌握的技巧。摇臂不仅让拍摄的画面动感更强，还丰富了摄影师的拍摄方式，使其利用不同的拍摄手法，创造出令人印象深刻的画面，提高视频的制作水平，呈现出精彩的视频内容。摇臂拥有长臂优势，可以拍摄到仅使用摄像机捕捉不到的镜头，如图 3-28 所示。

（2）滑轨

摄影师使用滑轨让拍摄器材平移、前推和后推等，让画面更具动感。目前，拍摄视频常用的滑轨主要分为手动滑轨和电动滑轨：手动滑轨操作十分简单，只需要用手轻轻推动就可以完成拍摄；电动滑轨主要通过蓝牙控制单反相机移动的轨道。滑轨如图 3-29 所示。

图 3-28 　　　　　　　　　　　　　　图 3-29

课堂练习

分析不同拍摄设备及辅助设备的特点并撰写分析报告。

章节实训

策划一个榨汁机宣传视频的拍摄脚本。

【实训目标】

掌握视频脚本的类型和撰写技巧。

【实训思路】

拍摄榨汁机的宣传视频，当然要展示榨汁机的特点和使用场景。

1. 展现榨汁机的整体效果，展现杯盖、杯体、不锈钢刀片等细节。

2. 展示榨汁机的榨汁过程，可以通过橙子切块、倒入杯体、启动开关榨汁、将榨好的果汁倒入玻璃杯等一系列镜头来展示榨汁效果。

拍摄脚本如表 3-9 所示。

表 3-9　拍摄脚本

镜号	内容	景别	拍摄手法	拍摄角度	文案
1					

思考与练习

一、填空题

1. 短视频的用户需求分析可以从 _____、_____ 和 _____ 3 个方面进行。

2．构建用户画像的步骤为 _____、_____、_____、_____ 和 _____。

3．视频脚本大致分为 3 类：_____、_____ 和 _____。

二、单项选择题

1．确定视频主题是制作视频过程中的重要步骤，下列不属于确定视频主题的意义的是（　　）。

    A．利于内容规划

    B．利于为观众提供良好的观看体验

    C．利于被搜索引擎识别和推荐

    D．利于视频规范化

2．下列关于视频脚本的说法正确的是（　　）。

    A．文学脚本一般对摄影师的限制较小，摄影师可发挥的空间比较大

    B．分镜头脚本适用于指导拍摄故事性强的视频

    C．分镜头脚本是通过文字描述镜头语言的台本

    D．选择脚本类型时，视频创作者可以根据视频的拍摄方向而定

3．下列不属于将新媒体视频团队划分为低配团队、中配团队和高配团队的因素是（　　）。

    A．团队规模　　　　B．平台级别　　　　C．人员技能　　　　D．设备配置

三、判断题

1．用户的社会属性和心理属性属于动态信息数据。（　　）

2．视频创作者需要对所选主题足够了解，才能为观众提供有价值的信息和见解，使观众愿意观看视频。（　　）

3．拍摄新媒体视频时，只要手机或相机选得足够好，不使用稳定设备，画面也可以很稳定。（　　）

四、问答题

1．确定新媒体视频的拍摄主题可以从哪些方面进行考虑？

2．什么是分镜头脚本？

3．新媒体视频团队中导演、摄影师和剪辑师的职责分别是什么？

五、技能实训

1．策划一个学生日常的分镜头脚本。

2．分析平价化妆品的用户画像。

第4章
新媒体视频的拍摄

学习目标

√ 掌握手机拍摄新媒体视频的技巧和模式

√ 了解微单相机和单反相机的结构和镜头类型

√ 掌握使用微单相机和单反相机拍摄视频的技巧

课前思考

央视新闻微博官方账号曾经发起过"春节摄影大赛"照片和视频征集活动，截至活动结束，话题阅读量已达73亿，参与讨论的人数达579万人次。网友们用镜头记录下了幸福中国年里的难忘瞬间，其中团圆和光影成为出现次数最多的主题。拍摄光影照片或视频可以采用多种技巧。

思考题：

1. 你可以使用手机或相机拍摄出光影吗？
2. 拍摄光影时你都用到了哪些拍摄技巧，使用了什么样的拍摄模式？

4.1 手机拍摄新媒体视频

网络时代，人人都是自媒体，人们看到想拍摄的东西，拿出智能手机就可以拍摄，非常方便。

扫一扫

4.1.1 使用手机拍摄新媒体视频的技巧

使用手机拍摄新媒体视频的方法很简单，用户只需要调到拍摄模式，对准想要拍摄的主体，点击拍摄就可以了，结束的时候再点击拍摄按钮，就结束拍摄了。拍摄者使用手机拍摄新媒体视频虽然很简单，但是想拍摄出好的新媒体视频却并非易事。本小节将介绍使用手机拍摄新媒体视频的技巧。

1. 确定拍摄主体

拍摄新媒体视频，首先要确定拍摄的主体，然后根据拍摄主体构思拍摄的角度、表达的主题、拍摄的光线等，也就是说拍摄者在拍摄时要做到心中有数，这样才能更好地完成拍摄。

2. 确保手机平稳

拍摄者在拍摄新媒体视频的过程中，如果手机一直在晃动，视频画面就会出现较大幅度的抖动，会大大降低画面质量，拍摄效果很难达到理想状态，看视频的人也会特别不舒服。

拍摄者在拍摄新媒体视频的过程中要想保持手机平稳，可以采用以下两种方法。

① 拍摄固定的画面时，可以选用固定机位，使用三脚架进行拍摄。

② 拍摄移动的画面时，拍摄者在移动的过程中，最好将手尽量贴近躯干，手肘与躯干形成90°，移动脚步时尽量采用双脚交叉缓慢移动的方式，也可以将身体前倾或后仰进行拍摄。此外，拍摄者还可以选择借助手机稳定器来辅助拍摄，以使画面稳定。

3. 注意光线运用

没有光线，便没有影像。新媒体视频和照片一样，光线对拍摄效果的影响很大，在拍摄新媒体视频时，拍摄者通过选择合适的光线并配合恰当的造型，不仅能够真实地表现人或物的外部特征，还可以通过光线真实地反映出人或物的质感。如果光线运用不好，那么拍摄出来的视频画面很可能既没有影调又缺乏美感，画面质感也不强，导致视频画面的表现力和整体效果欠佳。

4. 合理运镜

在进行新媒体视频拍摄时，为了增加视频的趣味性，拍摄者可以从多个角度来拍摄同一个场景，拍摄特写、中景、全景都可以，还可以从多个角度拍摄同一个运动状态。合理运镜，交替使用各种不同的景别，可以使视频更具表现力。因此，无论拍摄主题是什么，拍摄者都要思考需要怎样运镜才能更好地丰富视频画面。

5. 自然转场

转场效果与视频画面的切换是决定画面是否自然的关键，好的转场让人看起来非常舒适，在不经意间就自然而然地完成了，而不是后期刻意去加转场效果，显得生硬。这里分享两个自然转场的方法。

（1）遮挡物转场

遮挡物转场通常需要拍摄两段或多段视频素材，第1段视频素材以遮挡作为结束，第2段视频素材以遮挡作为开始。例如，拍摄一段人物在花园中的视频，第1个视频画面以花朵遮挡镜头的画面结束；第2个视频画面开始时手机先对着花朵拍摄，然后再往后拉远运镜，露出人脸，然后呈现全身乃至整个花园场景。

（2）同向运镜转场

同向运镜转场，是指通过相同的运镜方向或者相似的人物动作之间的衔接，给人带来视觉上比较自然的两个视频画面的切换。例如，在拍摄视频时，第1个视频画面结束时人物做出往画面左侧划动的手势，第2个视频画面人物继续做出往画面左侧划动的手势，就能得到一个比较自然、舒适的转场效果。

6. 注意声音的收录

新媒体视频的声音通常有两种形式：一种是后期配音，另一种是录用原声。若后期配音，拍摄时对环境的要求相对低一些，不一定非要安静的环境。如果是录用原声，就需要保持拍摄环境的安静，这样可以更好地收录原声，更好地表达视频的内容。另外，拍摄者还可以添加一个机顶话筒，也就是指向性话筒，它只会收录所指方向的声音，这样可以在一定程度上提高收录原声的质量。

4.1.2　常用的视频拍摄模式

手机上常用的视频拍摄模式有 3 种，分别是视频拍摄、慢动作和延时摄影。

1. 视频拍摄

视频拍摄是最基本、最常用的拍摄模式，使用该模式可以录制不限时间长短的视频，当然前提是你的内存卡和电池足够用。以华为手机为例，选择"视频"后，点击红圈开始录制视频，如图 4-1 所示，点击方形结束录制，如图 4-2 所示。在录制过程中，手机界面上方会实时显示当前的录制时长。

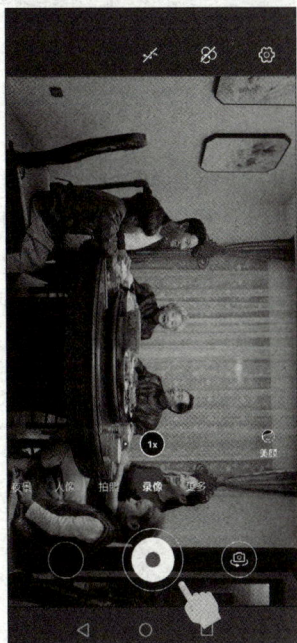

图 4-1　　　　　　　　图 4-2

在视频界面的上方，有闪光灯切换选择，如图 4-3 所示，开启闪光灯，在光线较暗的场景下，手机背后的闪光灯会自动亮起进行辅助照明。

图 4-3

1080p、4K 代表视频的分辨率（见图 4-4），即视频的长宽尺寸。例如，1080p（16：9）视频的长宽尺寸为 1920 像素 ×1080 像素，4K（16：9）视频的长宽尺寸为 3840 像素 ×2160 像素。在实际体验中，分辨率高的视频清晰感强。

一段视频是由很多张静止的画面快速播放而形成的，每一张静止的画面被称为"帧"。在图 4-5 所示的视频帧率选项中，30fps 表示每秒播放 30 张静止画面，60fps 表示每秒播放 60 张静止画面。帧率越高，画面越流畅。综上所述，如果要拍摄高质量的视频，就设置"高分辨率＋高帧率"的组合，如 4K+60fps。

图 4-4　　　　　　　　　　　　　　图 4-5

2. 慢动作

慢动作的原理是录制较高帧率的视频，如常见的 120fps、240fps，然后利用手机的低刷新率来播放。以录制 120fps 的视频为例，当手机的刷新率为 60Hz 时，视频就会以一倍的慢速进行播放。手机的刷新率是指一秒能显示的图片数量，通常手机的刷新率为 60 ～ 120Hz，即一秒会显示 60 ～ 120 张图片。手机进行慢动作拍摄的界面如图 4-6 所示。

3. 延时摄影

延时摄影也叫缩时摄影，它与慢动作的操作过程相反，是以较低的帧率录制视频，然后用正常或较快的速率进行播放。延时摄影常用于拍摄变幻的天气、川流不息的城市街头等场景。手机进行延时摄影拍摄的界面如图 4-7 所示。

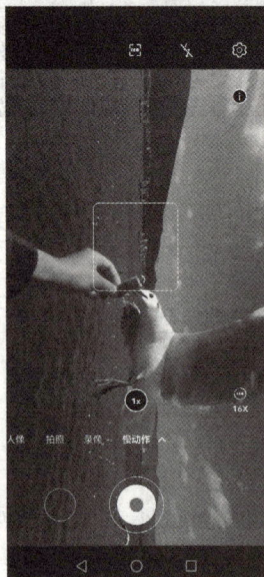

图 4-6　　　　　　　　　　　　　　图 4-7

4.1.3　常用的手机拍摄 App

除了使用手机相机自带的录像功能拍摄视频外，我们还可以使用一些手机拍摄 App 进行拍摄。下面介绍一些常用的拍摄视频的手机 App。

1. 抖音

抖音是一款非常受欢迎的短视频应用程序，是一款可以拍摄音乐创意短视频并带有社交分享属性的 App，于 2016 年 9 月上线，定位为年轻人的音乐短视频社区。用户可以通过抖音拍摄短视频，并且可以在该 App 中选择背景音乐、设置滤镜、添加特效等。用户使用抖音拍摄视频，可以按照以下步骤进行操作。

登录抖音，点击界面下方的"+"图标，如图 4-8 所示，进入抖音拍摄界面。

点击界面上方的【选择音乐】按钮，如图 4-9 所示，在音乐选择界面中使用推荐的音乐或搜索指定的音乐，如图 4-10 所示。

图 4-8　　　　　　　图 4-9　　　　　　　图 4-10

在搜索栏中输入音乐名称，从搜索结果中选择需要的音乐，如图 4-11 所示。

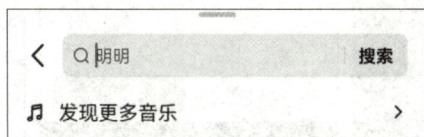

图 4-11

　　设置好音乐后，返回抖音拍摄界面。按住圆形的红色录制按钮开始录制视频，录制完成后松手停止录制，如图 4-12 所示。

图 4-12

　　拍摄完成后，用户可以对视频进行设置，如添加特效、滤镜等。点击【下一步】按钮，进入视频发布界面，点击【高级设置】按钮，打开【高级设置】界面，开启【发布后保存至手机】功能，如图 4-13 所示，视频在平台发布后，即可自动保存至手机。

图 4-13

2. 快手

快手也是一款非常受欢迎的短视频 App，旨在让用户了解真实的世界，认识有趣的人，并记录真实而有趣的自己。它与抖音一样，也可以用来拍摄短视频，操作步骤非常简单，如图 4-14 所示。

图 4-14

3. 美拍

美拍是一款可以直播、制作短视频的 App，深受年轻人喜爱。用户使用美拍除了可以拍摄自己的生活点滴外，还可以拍摄视频素材来制作短片。美拍提供了丰富的 MV（Music Video，音乐短片）以及特效滤镜，让用户可以轻松制作出很多温馨、浪漫的短片。

4. 小影

小影是一款以视频剪辑和美化为主要功能的 App。它提供了全新拍摄方式，即拍即停，拍摄的每一秒都是精彩瞬间。此外，小影还有将视频一键分享至 QQ 空间、微信、微博等平台的功能。同时，小影还提供了滤镜、转场、字幕、配乐、后期实时配音，以及一键应用的主题特效包，可以让用户轻松打造个性十足的生活短视频。用户即使缺乏一定的视频制作知识与技巧，也可以使用小影制作出高质量、有内涵的优秀短视频。

5. 秒拍

秒拍是一款短视频分享 App，由炫一下（北京）科技有限公司推出。其拥有炫酷的 MV 主题、清新的滤镜，外加个性化水印和独创的智能变声功能，让用户轻松实现 10 秒拍大片。

课堂练习

使用手机相机拍摄一段校园视频。

4.2 使用微单相机和单反相机拍摄新媒体视频

手机拍摄虽然便捷，但也有不足之处。虽然目前已经有带有光学变焦镜头的手机，但是跟相机比，用手机拍摄出来的视频画面，成像质量较差，色彩还原度较低；在光线较暗的地方，使用手机拍摄的画面容易出现噪点，使视频画面模糊不清；手机镜头的防抖功能也较弱，轻微晃动便会造成画面模糊。为了提高视频画面的质量，用户可以使用微单相机和单反相机来拍摄。

扫一扫

4.2.1 使用微单相机和单反相机拍摄的优势

大家都知道微单相机和单反相机的摄影功能很强大，其实它们的录像功能也很强大。与手机和一般的相机相比，微单相机和单反相机拥有什么优势呢？下面逐一介绍。

1. 丰富的镜头选择

微单相机和单反相机的镜头对画面成像具有相当重要的作用，选择不同焦段的镜头带来的是不同的画面景别、景深效果。在画面景别上，使用长焦镜头可以拍摄更远的画面，使用广角镜头则可以拍摄更宽广的画面。不同的镜头光圈则会给画面带来不同的景深效果（也就是背景虚化效果）：光圈越大，背景虚化效果越强。虽然现在很多手机自带的摄像头和手机适配的镜头可以改变焦距，但是与微单相机和单反相机相比还是有很大的差距。

2. 更好的画质呈现

画质好坏，不仅取决于镜头，还取决于图像传感器（也叫感光元件）。图像传感器的面积关系到拍摄成像的效果：面积越大，成像的效果越好。微单相机和单反相机的图像传感器尺寸远远超过普通的相机，这意味着微单相机和单反相机有着更高的像素采样质量、更广的动态范围以及更强的感光能力，所以能够呈现出更优质、细腻的画面。

4.2.2 微单相机和单反相机结构和镜头类型介绍

微单相机和单反相机都是常见的数码相机，它们在结构和镜头类型上有所不同。

1. 微单相机的结构

微单相机是指无反光镜、采用电子取景器、可更换镜头、搭载与单反相机相同功能的数码相机。由于微单相机取消了光学取景器和反光镜单元的构造，从而实现了机身的大幅小型化和轻量化，深受摄影爱好者的欢迎，因此微单相机发展很快。下面以佳能 EOS R6 为例，简要介绍微单相机的结构。

（1）佳能 EOS R6 的正面结构

佳能 EOS R6 的正面结构如图 4-15 所示。

RF 镜头安装标志
将 RF 镜头上的红点对准此红点，插入镜头后朝顺时针方向转动镜头，直到听到"咔"声，镜头即安装完毕。

自拍指示灯 / 自动对焦辅助光
在相机自拍模式下，此灯持续闪烁至拍摄前 2 秒停止，并一直亮着。

内置话筒
摄像时声音通过此处录入相机。

快门按钮
快门按钮有两段行程：半按快门按钮时，相机从待机状态激活，启动测光和自动对焦；完全按下此按钮，完成拍摄。

镜头固定销
位于镜头卡口旁边的凹槽，镜头上的固定装置插入此凹槽，起到固定镜头的作用。

遥控感应器
使用遥控感应器，可以遥控拍摄。

镜头释放按钮
按下此按钮朝逆时针方向旋转镜头，即可卸下镜头。

手柄（电池仓）
持机时右手所在的位置，内部装有相机的电池。

镜头卡口
镜头卡口为金属质地，在安装镜头时应小心避免磕碰。

景深预览按钮
光圈开口只在按下快门按钮的瞬间变化到所设置的光圈值对应的大小。其他时候，光圈保持全开状态。因此，当通过取景器或者在液晶监视器上注视场景时，景深会显得较浅，并不是所设置的光圈值对应的景深。按下景深预览按钮，镜头才会缩小到当前设置的光圈值。

触点
负责镜头与机身之间的信号传递，使用中须保持清洁，避免刮擦。

反光镜
反光镜将进入镜头的光线反射入五棱镜。反光镜比较脆弱，尽量不要让其沾灰，如果有灰尘进入可用气吹掉，不要自行擦拭。为保持反光镜的清洁，在更换镜头时，应将机身正面朝下，减少灰尘落入。在拍摄时使用反光镜预升有助于减少机震，使画面更清晰。此功能在拍摄特写（微距摄影）、使用超远摄镜头和以低速快门速度拍摄时有用。

图 4-15

（2）佳能 EOS R6 的背面结构

佳能 EOS R6 的背面结构如图 4-16 所示。

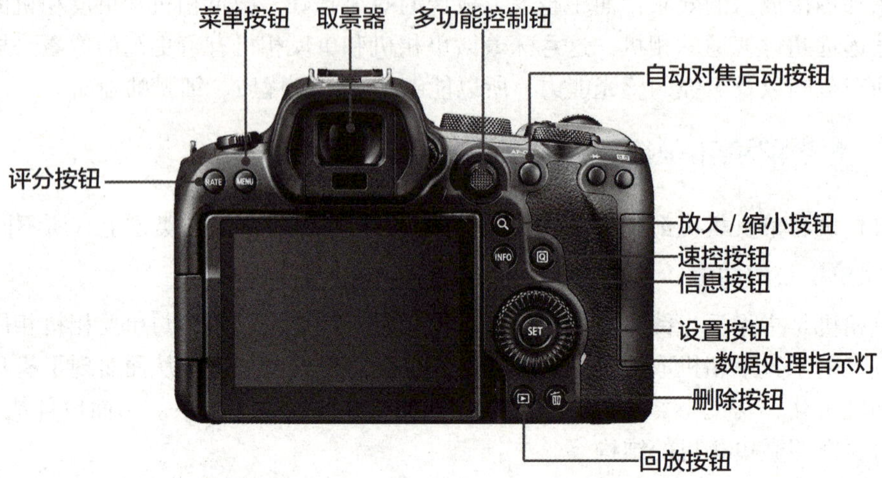

菜单按钮　取景器　多功能控制钮

自动对焦启动按钮

评分按钮

放大／缩小按钮
速控按钮
信息按钮
设置按钮
数据处理指示灯
删除按钮
回放按钮

图 4-16

（3）佳能 EOS R6 的顶部结构

佳能 EOS R6 的顶部结构如图 4-17 所示。

多功能按钮

主拨盘
短片拍摄按钮
背带环
多功能锁按钮

焦平面标记

电源开关

热靴

闪光同步触点　　模式转盘

图 4-17

（4）佳能 EOS R6 的底部结构

佳能 EOS R6 的底部结构如图 4-18 所示。

电池仓盖锁

电池仓

三脚架接口

图 4-18

（5）佳能 EOS R6 的侧面结构

佳能 EOS R6 的侧面结构如图 4-19 所示。

外接话筒
输入端子

数码端子

耳机端子

HDMI micro
输出端子

存储卡槽　　　　　　　　　遥控端子

图 4-19

2．微单相机的镜头类型

微单相机的镜头按照不同的标准可以划分为多种类型。

（1）按焦距是否可变划分

微单相机的镜头按照焦距是否可变分为定焦镜头（见图 4-20）和变焦镜头（见图 4-21）两种。定焦镜头没有变焦功能，在相机位置固定的情况下，定焦镜头的拍摄范围是固定的，要改变拍摄范围就需要移动相机的位置；而变焦镜头则可以在该镜头标注的变焦范围内调节焦距，不用移动相机，通过旋转镜头上的变焦环，就能达到连续改变拍摄范围的目的。

图 4-20　　　　　　　　　　　　　　　图 4-21

（2）按焦段不同划分

微单相机的镜头按照焦段不同可以为广角镜头、标准镜头、长焦镜头以及一些特殊镜头。

① 广角镜头。广角即视角宽广之意。广角镜头又被称为"短焦距镜头"，分为普通广角镜头和超广角镜头两种。普通广角镜头的焦距一般为 24 ～ 38mm，对应的视角为 60° ～ 84°；超广角镜头的焦距为 14 ～ 20mm，对应的视角为 94° ～ 118°。根据焦距是否可变，广角镜头又可分为广角定焦镜头（见图 4-22）和广角变焦镜头（见图 4-23）。由于广角镜头的焦距短、视角大，因此拍摄的空间也大，并且具有大景深和透视变形等特点。一般来说，使用广角镜头便于拍摄宏大的场面和宽大的物体，这是标准镜头所不及的。

图 4-22

图 4-23

广角镜头的基本特点：首先，镜头视角大，视野宽阔，从某一视点观察到的景物范围要比人眼在同一视点所看到的景物范围大得多；其次，景深大，可以表现出相当大的清晰范围；最后，能强调画面的透视效果，并且善于表现景物的远近感，这有利于增强画面的感染力。广角镜头比较适合表现风光和建筑等需要收纳更多画面元素的拍摄题材，如图 4-24 所示。

除了拍摄风光，广角镜头也可以用于拍摄人像，如图 4-25 所示。使用广角镜头低角度仰拍可以将人物拍得很修长。另外，广角镜头也适合拍摄多人合影照片。

图 4-24

图 4-25

② 标准镜头。标准镜头通常是指焦距为 40 ～ 55mm 的镜头，它是所有镜头中最基本的一种摄影镜头，如图 4-26 所示。标准镜头又分为标准定焦镜头和标准变焦镜头（包含 50mm 焦距的镜头）。使用标准镜头拍摄的影像接近于人眼正常的视角范围，其透视关系近于人眼所感觉到的透视关系，所以能够展现被摄主体的真实特征。由于标准镜头给人以纪实感，所以在实际拍摄中，使用频率很高。图 4-27 所示为使用标准镜头拍摄出来的人像。

但是，由于标准镜头的画面效果与人眼视觉效果十分相似，故用标准镜头拍摄的画面效果是十分普通的，甚至可以说是十分"平淡"的，它很难获得广角镜头或长焦镜头那种渲染画面的效果。因此，用户要用标准镜头拍摄出生动的画面是不容易的。

图 4-26

图 4-27

③ 长焦镜头。长焦镜头是指比标准镜头的焦距长的镜头，如图 4-28 所示。长焦镜头又分为长焦定焦镜头和长焦变焦镜头。由于长焦镜头的焦距范围很大，因此又细分为中长焦、长焦和超长焦镜头 3 类，其中中长焦镜头的焦距一般为 55 ～ 100mm，长焦镜头的焦距一般为 100 ～ 300mm，超长焦镜头的焦距一般为 400 ～ 800mm。

图 4-28

长焦镜头的基本特点是：镜头视角小，所以视野范围相对狭窄，能把远处的景物拉近，使之充满画面，具有"望远"的功能，适用于拍摄远处景物的细节部分和拍摄不易接近的被摄主体，常用于舞台、T 台、体育、风光（见图 4-29）和动物拍摄等领域。长焦镜头一般体积大、质量大，拍摄者在使用长焦镜头拍摄时应把相机固定在三脚架上。

④ 特殊镜头。除了上述常用的镜头外，我们在拍摄一些特殊题材的视频时，需要选择专门的镜头。例如，拍摄建筑类照片时，为了避免变形需要使用移轴镜头。

微距镜头能把主体的细节表现出来，主要用于拍摄体积较小的主体，如花卉、昆虫等。

常见的微距镜头有焦距 50mm、60mm、85mm、90mm、100mm、105mm、125mm、180mm 等不同的规格。不同规格的微距镜头有着不同的用处，比如，如果希望利用微距镜头拍摄一只昆虫、小动物的特写照片，同时又不想惊动它，长焦距的微距镜头是最好的选择，如图 4-30 所示。

图 4-29

图 4-30

移轴镜头是一种可实现倾角与偏移功能的特殊镜头，其主要作用是调整透视变形，它的对焦方式只有手动对焦一种。使用倾角与偏移功能向各种角度和位置转动镜头，可以移动合焦面或对被摄主体的形状进行修补。

移轴镜头主要是用来拍摄建筑的。例如，当用广角镜头拍摄高大建筑物的时候，会拍摄出"下大上小"的汇聚效果，整个建筑物像是被压缩了，建筑物的顶端聚到了一起，呈现建筑物要倒下来的效果，如图 4-31 所示。如果换上移轴镜头，拍摄出来的建筑物就没有变形，如图 4-32 所示。

图 4-31　　　　　　　　　　　图 4-32

3. 单反相机的结构

单反相机的全称是数码单镜头反光相机。单反相机专指使用单镜头取景方式对景物进行拍摄的一种相机。用户使用单反相机拍摄时可以通过相机背后的光学取景框进行查看，通过查看安装在相机前段的镜头所呈现的视觉角度的大小进行拍摄。下面以佳能 EOS 90D 为例，简要介绍单反相机的结构。

（1）佳能 EOS 90D 的正面结构

佳能 EOS 90D 的正面结构如图 4-33 所示。

图 4-33

（2）佳能 EOS 90D 的背面结构

佳能 EOS 90D 的背面结构如图 4-34 所示。

图 4-34

（3）佳能 EOS 90D 的顶部结构

佳能 EOS 90D 的顶部结构如图 4-35 所示。

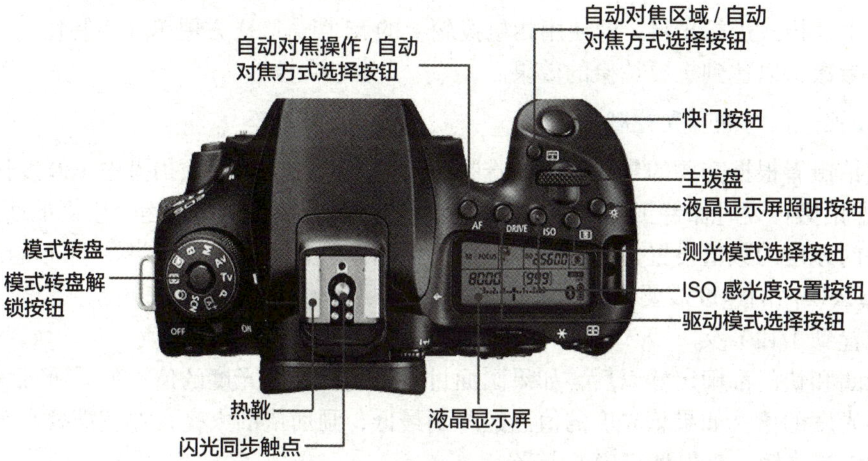

图 4-35

4. 单反相机镜头与微单相机镜头的区别

单反相机镜头和微单相机镜头的区别主要体现在镜头的种类、镜头卡口的类型、镜头系统的丰富程度等方面。

① 单反相机和微单相机镜头的种类基本相同，只是微单相机镜头的种类更加多样化。单反相机的镜头可以分为定焦镜头、变焦镜头、微距镜头、鱼眼镜头等，而微单相机除了具备单反相机的镜头类型外，还有专用的饼干镜头、大光圈定焦镜头等。

② 单反相机和微单相机的镜头卡口不同，因此不能通用。但是，一些微单相机可以通过转接环使用单反相机的镜头，但需要注意镜头的兼容性和性能表现。

③ 单反相机的镜头系统比较丰富，可选择的范围更广，同时还有大量的二手镜头可供选择。

4.2.3 使用微单相机和单反相机拍摄视频的技巧

其实使用微单相机 / 单反相机拍摄视频很简单，但是初学者要想拍摄出比较专业的效果，还需要掌握一些技巧，并需要为微单相机 / 单反相机配置额外的配件。

1. 注意微单相机 / 单反相机的存储卡的容量及电池的电量

拍摄视频之前，视频拍摄者需要明确视频的主题和内容，大概知道拍摄的时长和视频占用的存储空间，这样视频拍摄者才能知道要用多大容量的存储卡。尤其是在拍摄商业视频时，如果因为存储卡容量不足或者电池没有电而耽误拍摄，会造成一些麻烦。所以在拍摄视频之前，视频拍摄者需要把电池充满电，同时保证存储卡容量足够用。

2. 设置合适的视频录制格式、尺寸和帧率

很多初学者经常拿起相机就开始拍摄，没有提前设置相关参数，拍摄完之后才发现视频录制格式、尺寸和帧率不对，需要重新拍摄，这样会给后续工作造成一些麻烦。在没有特殊要求的前提下，视频拍摄者通常选择录制分辨率为 1920 像素 ×1080 像素，帧率为 25fps，格式为 MOV。

3. 设置曝光模式为 M 档

选择手动模式进行拍摄，即使用相机拨轮上的 M 档，这样方便单独控制快门、光圈、感光度等参数，以达到想要拍摄的效果。

4. 设置拍摄时的曝光控制

视频拍摄者根据需要的景深范围来选择合适的光圈。根据视频拍摄中 180 度快门角度的原则(即拍摄视频时保持正确快门速度的基本规则)，以及人眼对于运动模糊的适应能力，建议将快门速度的数值设置为视频帧率数值的 2 倍倒数，也就是说如果视频帧率设置的是 25fps，那么快门的速度需要设置到 1/50 秒，如果视频帧率设置的是 60fps，那么快门的速度就要设置到 1/120 秒。

当光圈和快门都确定好以后，如果画面过暗，则提高感光度的值；如果画面太亮，那就降低感光度的值。如果感光度的值已经降到最低，画面依旧太亮，那就需要在镜头上加上一颗 ND 减光镜，来保证正确的曝光。

5. 设置白平衡

视频拍摄者在拍摄视频时尽量不要使用自动白平衡，因为画面中可能会出现突然闯入的其他主体，这样就会导致相机的自动白平衡受到干扰，发生偏色。如果拍摄环境的光线较为稳定，视频拍摄者可以使用自定义白平衡。打开白平衡设置，选择自定义白平衡，选择白色设置，然后将一张白纸或者是其他纯白的物体放入框内，按下设置白平衡按钮，相机会自动根据环境光线和色温来校准白平衡。如果视频拍摄者对相机给出的校准效果不满意，还可以在此基础上进行白平衡参数的手动微调。

6. 设置对焦模式

合适的对焦模式能够帮助视频拍摄者更好地捕捉动态画面，保证视频的质量。自动对

焦适用于拍摄动态画面，如运动中的物体，因为它可以自动跟踪和调整焦点。在拍摄视频时，视频拍摄者通过点击触控屏上不同的物体，就可以实现平滑柔顺的移动对焦。此外，对于拍摄人物脸部的场景，视频拍摄者可采用面部＋追踪自动对焦模式，这样即便人物主体在前后移动，也能保证脸部随时都是清晰的，大大降低了跟焦的难度。

7. 提高录音质量

微单相机／单反相机虽然都自带话筒，但视频拍摄者如果想要更好的音质效果，就需要另购一支可以安装在热靴上的话筒。

通常，如果录制人声，建议选择一支具有指向性的话筒，配合相机内的手动录音电平功能，可以大幅提升视频的录音质量。

课堂练习

练习使用单反相机和微单相机并撰写使用心得。

章节实训

拍摄一个慢动作视频。

【实训目标】

掌握手机慢动作功能的应用及使用场景。

【实训思路】

使用手机拍摄往透明玻璃杯中倒橙汁的视频，展示橙汁撞击杯壁的效果。

1. 准备一个透明玻璃杯，一瓶橙汁。

2. 打开手机相机，调整到慢动作模式，一人缓缓将橙汁倒入玻璃杯中，另一人此时按下拍摄按钮，即可进行慢动作拍摄。

思考与练习

一、填空题

1. 手机上常用的视频拍摄模式有 3 种，分别是 _____、_____ 和 _____。

2. 微单相机无 _____，采用 _____。

3. 微单相机的镜头按照焦距是否可变分为 _____ 和 _____。

二、单项选择题

1. 下列关于使用手机拍摄新媒体视频的技巧，说法不正确的是（　　　）。

　　A. 确保手机平稳

　　B. 不能从多个角度拍摄同一个运动状态

　　C. 注意光线运用

　　D. 自然转场

2. 下列关于不同镜头的特点说法错误的是（　　　）。

　　A. 广角镜头的焦距比较长，通常大于 55mm，适合拍摄风光和建筑

B. 广角镜头视角大，视野宽阔，比较适合表现风光和建筑等需要收纳更多画面元素的拍摄题材

C. 长焦镜头视角小，所以视野范围相对狭窄，能把远处的景物拉近，使之充满画面，具有"望远"的功能，适用于拍摄远处景物的细节部分和拍摄不易接近的被摄主体，常用于动物拍摄等领域

D. 由于广角镜头的焦距短、视角大，因此拍摄的空间也大，并且具有大景深和透视变形等特点，一般来说，使用广角镜头便于拍摄宏大的场面和宽大的物体

3. 下列关于微单相机和单反相机的说法正确的是（　　　　）。

A. 微单相机使用的是 EF 镜头　　　　B. 单反相机使用的是 RF 镜头

C. 微单相机使用的是 RF 镜头　　　　D. 微单相机和单反相机的镜头通用

三、判断题

1. 微单相机也有反光镜。（　　　）

2. 手机不可以变焦。（　　　）

3. 长焦镜头的焦距长、视角大，因此拍摄的空间也大，并且具有大景深和透视变形等特点。（　　　）

四、问答题

1. 列出两种在使用手机拍摄新媒体视频的过程中保持手机平稳的方法。

2. 什么是定焦镜头？

3. 说说单反相机镜头与微单相机镜头的区别。

五、技能实训

1. 拍摄一个同向运镜转场的画面。

2. 使用手机的延时摄影拍摄路上行驶的车辆。

第 5 章
移动端视频后期剪辑

学习目标

√ 了解视频剪辑的原则和注意事项

√ 掌握视频剪辑的手法与情绪表达技巧

√ 熟练掌握用剪映剪辑视频的技能

√ 了解常用的移动端视频剪辑的工具

课前思考

拍电影时一个镜头可能需要拍七遍；最后选出的拍摄效果好的且能用到电影中的视频可能也只有 1/5 左右，这么算来，一部 90 分钟的电影至少要拍 90×7×5 = 3150 分钟。这还不算多机位，如拍特效电影时安置五六部机位都有可能，这样看来，一部电影如果不经过剪辑，那么 90 分钟的电影就可能变成 50 多个小时的电影，演员一句台词要说 7 遍，这样无剪辑的"实验电影"，你会去看吗？

剪辑的目的主要是厘清一种叙事的逻辑，这种逻辑很多时候在拍摄过程中并不表现为时间线，需要后期在庞大而复杂的素材中整理设计出来。这样一是可以提高作品本身的价值，二是能让观众更好地理解作品想要表达的东西。所以在运用相同素材的情况下，一个剪辑优秀的作品往往会出类拔萃且引人入胜，吸引更多人去关注和品读。

思考题：

1. 结合以上内容，分析视频剪辑的意义。
2. 你使用过剪映来剪辑视频吗？如果使用过，请分享你的使用感受。

5.1 视频剪辑的原则与注意事项

视频拍摄完成后，通常还需要视频剪辑人员的进一步创作，才能制作出专业、生动、有创意的视频作品。本节介绍视频剪辑的原则与注意事项。

5.1.1 视频剪辑的原则

剪辑视频需要遵循一定的原则，主要包括以下内容。

扫一扫

1. 注重情感表达

一条新媒体视频的质量与其情感表达能力有着密切关联。不只是情感色彩浓重的视频要注重情感表达，任何视频都要注意情感表达。

例如，新闻类视频虽然站在客观的角度传递信息，但字里行间都能透露出这则新闻隐藏的内在情感。图 5-1 所示为人民网短视频账号发布的一则短视频，公交车上积雪湿滑，家政阿姨主动打扫，感动路人。该阿姨的善良，给寒冷的冬天带来了阳光、温暖，起到了很好的模范作用。很简单的一则新闻，在注入情感后，更容易获得观众的喜爱。

所以，视频剪辑人员在剪辑视频时，需要为原有素材注入更加丰富的情感色彩，同时要注意确认每个镜头是否能够表达情感，是否有利于准确地传达情绪。

2. 故事情节精彩

故事情节是短视频的组成要素，决定了短视频的内容是否流畅，情节是否有创意，情节高潮能否引发用户的好奇心等。无论是什么类型的短视频，视频剪辑人员都需要以故事情节精彩为剪辑原则。

例如，抖音平台中，故事类视频作品就较为丰富。"故事"作为一种表达方式，常和其他垂直类别的视频相结合（如故事＋美食、故事＋美妆、故事＋娱乐），这类视频的传播效果往往不错。图 5-2 所示为"故事＋美妆"的短视频。

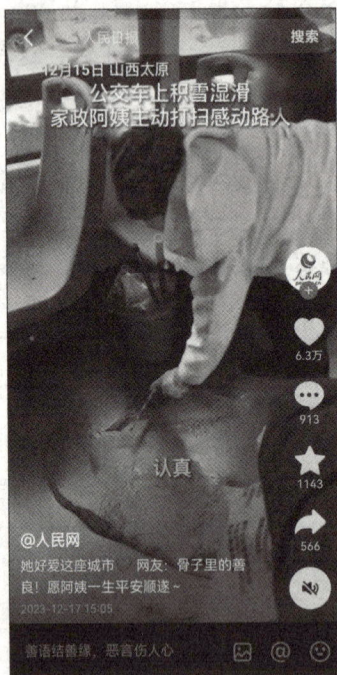

图 5-1   图 5-2

3. 把控剪辑节奏

视频的节奏就像一首音乐的旋律或一部小说的情节一样，要讲究轻重缓急，抑扬顿挫。

剪辑节奏主要包括两个方面：一个是内容节奏，另一个是画面节奏。剧情类短视频需要根据剧情发展来确定内容节奏。在剪辑这类短视频时，视频剪辑人员要当机立断，把冗长、多余的人物对白和画面删除，留下对剧情发展有帮助的精华内容，以免内容过于拖沓。但也不要为了过分追求精简而大篇幅删减镜头，造成重要内容丢失，导致剧情发展不连贯、太跳跃等。

　　把控视频的画面节奏一般是通过与背景音乐相结合进行剪辑来达到的。视频剪辑人员在剪辑音乐类视频时，需要根据音乐的节奏来确定画面的节奏。简单来说，就是在背景音乐的重音时将画面进行剪切过渡（切镜头），做到舒缓有致。在剪辑这类视频时，视频剪辑人员要注意使镜头切换的节奏与音乐变换的节奏相同，从而给观众带来视觉与听觉的双重享受。

5.1.2　视频剪辑的注意事项

　　视频剪辑人员在剪辑视频时应注意以下 4 个事项，以保证剪辑出的视频给人以流畅观看的体验。

1. 统一画面重点

　　受环境影响，有时视频同一场景中的人物可能会有很多，视频剪辑人员在剪辑时切换镜头的画面就会混乱，无法找到重点。遇到这种情况，视频剪辑人员通常可以运用两种方法进行处理。一种是将画面重点始终放在相似位置，也就是将被摄主体始终放在画面中的固定位置，便于观众快速寻找画面重点，如图 5-3 所示。

图 5-3

　　另一种是当人物作为被摄主体时，视频剪辑人员可以将人物的眼睛（视线）作为画面重点，在适当范围内剪裁画面，保证观众能够在某个固定的区域内找到重点，如图 5-4 所示。

图 5-4

2. 统一运动方向

　　视频剪辑人员在剪辑视频时，要符合惯性和常规逻辑，保证动作的连贯性，让前后镜头及整个故事的表达顺畅且完整。如果两个视频画面中的被摄主体以相似的速度向相同的方向运动，那么视频剪辑人员可以将两个镜头衔接在一起，使两个视频画面完美衔接。例如，上一个镜头是一个女生在跑步，下一个镜头是该女生停下面向相同方向喝水，这两个视频画面中的被摄主体都是该女生，且运动方向相同，那么将两者剪辑在一起时，会形成一个自然的转场，呈现出一气呵成的效果，如图 5-5 所示。

图 5-5

3. 结合相似部分

两个截然不同的镜头也能被自然地衔接在一起，且采用这样的剪辑方法能够为视频画面增添不少美感。其秘诀在于，两个看似不同的画面，实则存在相似的元素，视频剪辑人员在剪辑时需要找到镜头中相关联的元素，将两者结合即可。这种有关联的元素可以是相同的运动轨迹，也可以是相同的道具。无论是运动镜头，还是静止镜头，只要视频剪辑人员能找到两者中相关联的元素，就能将其自然衔接。例如，办公室商谈和室外击掌是两个不同的场景，但两者有着类似的运动状态和逻辑关系，那么视频剪辑人员就可以将两个镜头结合在一起，使画面看起来连贯而流畅，如图 5-6 所示。

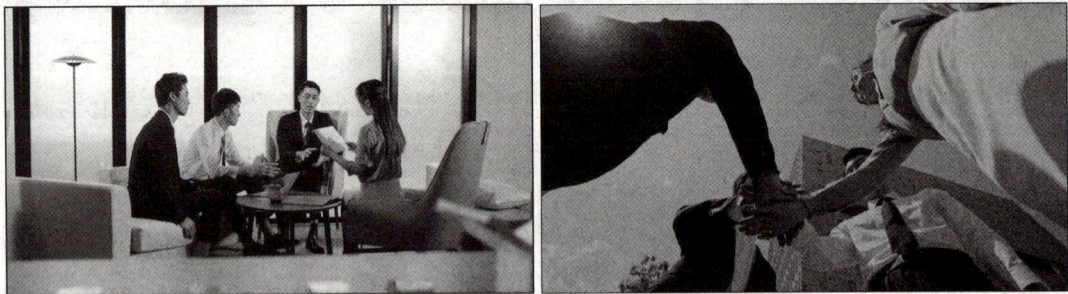

图 5-6

4. 统一画面色调

有句话是"无调色，不出片"，可见调色对视频的重要性。对视频画面进行色调的调整，无形中会增强视频画面的表现力和感染力，视频的意境、氛围也会随之改变，给观众带来不一样的视觉感受。调色是视频剪辑中经常会用到的剪辑技巧，在调整多个视频画面的色调时，视频剪辑人员要使每个镜头的色彩都与视频的整体画面风格相符，切勿把色调完全不同的素材拼接在一起。面对色调的转换，人的视觉系统会快速做出反应，频繁更换色调不仅会使视频画面看起来突兀，而且有损观众的观看体验。

5.2　视频剪辑的手法与情绪表达技巧

新媒体视频行业迅速发展，用户对新媒体视频的品质要求越来越高，这促使新媒体视频的剪辑技术越来越专业。视频剪辑人员想要制作出优质的新媒体视频，就需要掌握常用的剪辑手法和情绪表达技巧。

扫一扫

5.2.1　视频剪辑的常用手法

视频剪辑并不是把不要的部分剪掉，把要用的部分连接起来的单纯作业。视频剪辑讲究创意性，需要在短时间内达到出人意料的效果。想要达到这种效果，视频剪辑人员可以使用以下 10 种常用手法。

1．动作顺接

动作顺接剪辑是指镜头在角色运动时仍然进行切换，剪辑点不一定要在动作展开之际，可以在人物转身之际或者根据运动方向设置。

例如，画面中的人物正在抛掷物品时，或者穿过一道又一道门时，镜头瞬间切入下一个画面。采用这样的转场很自然地将人物与下一个镜头中的环境连接起来，营造一种自然、连贯的氛围，带给观众非凡的视觉体验。

2．交叉剪辑

交叉剪辑是指将同一时间、不同空间发生的两个或多个场景来回切换的剪辑，以借场景的频繁切换来建立角色之间的联系。

适当采用交叉剪辑手法，可以通过镜头节奏为视频画面增加张力，制造悬念，表现人物内心的复杂情感，从而营造紧张的氛围，带动观众情绪。视频剪辑人员在剪辑惊悚类、悬疑类视频时，采用这种剪辑手法能够呈现出追逐和揭秘的画面效果，令视频更加具有戏剧效果，如在影视剧中大多数打电话的镜头一般使用交叉剪辑。

3．跳切剪辑

跳切剪辑是指对同一镜头进行剪接。跳切剪辑与普通的剪辑手法不同，它打破了常规状态下镜头切换时需要遵循的时空和动作连贯的要求，仅以观看画面的连贯性为依据进行较大幅度的跳跃式镜头组接，突出某些必要的内容。

视频剪辑人员对同一场景下的镜头进行不同视角的跳切剪辑，可用来表现时间的流逝。跳切镜头也可以用于关键剧情的剪辑，以加重镜头给人的迫切感。

4．跳跃剪辑

跳跃剪辑是一种营造突然效果的剪辑手法，常用于突然打破前一场景的情绪。影视剧中许多表现人物从噩梦中惊醒的画面，使用的就是这种剪辑手法。电影行业中也有许多热衷于使用跳跃剪辑的导演。此外，从一个激烈的大动作画面转至安静缓和的画面，或由安静画面到激烈画面的转换，也可以采用跳跃剪辑。

因此，视频剪辑人员也可以使用这种剪辑手法制作视频。视频剪辑人员通过拍摄简单的生活场景，在添加滤镜之后利用跳跃剪辑就可以营造出人意料的画面效果。

5. 叠化剪辑

叠化剪辑是指将一个镜头叠加到另一个镜头上,逐渐降低上一个镜头的透明度,从而形成叠化的效果。它是一种比较简单、易操作的剪辑手法。

叠化剪辑跟跳切剪辑一样,也可以表现时间的流逝。除此之外,视频剪辑人员还可以展现人物的心理活动或想象,以及过渡至平行时空的剧情事件等。在一些风景和人物的过渡镜头中使用叠化剪辑,时常会收到令人意想不到的效果。除了不同镜头的叠化外,视频剪辑人员也可以对同一个镜头进行叠化剪辑处理。

6. 匹配剪辑

匹配剪辑是指连接两个画面中被摄主体动作一致或构图相似的镜头。匹配剪辑通常被错误地认为是跳切剪辑,但是二者是不同的,匹配剪辑常用于转场。在两个场景中,当被摄主体相同并且画面需要表现两个场景之间的联系时,视频剪辑人员可以运用匹配剪辑达到连接两个画面的目的,这会在视觉上给人非常炫酷的奇妙感受。

需要注意的是,匹配剪辑不仅可用于动作状态的转换,还能用于台词的衔接。例如,两个人在说同一段话时,根据语言顺序交替剪辑,会使画面更有紧凑感。

7. 平行剪辑

平行剪辑是指将不同时空或同时间、不同空间发生的两条或多条故事线并列表现。平行剪辑是分头叙述内容的不同部分,将其统一呈现在一个完整的结构中。

在影视剧中,平行剪辑常用于高潮片段,每条故事线虽然独立发展,但观众在观看影视剧时会不自觉地产生疑问,思考反复交替出现的两条或多条故事线之间有何联系,接下来的剧情将往何处发展。在新媒体视频创作中,视频剪辑人员使用这种剪辑手法,能够将观众带入剧情当中,增强内容的吸引力。

8. 淡入淡出剪辑

淡入淡出剪辑是指镜头从模糊进入全黑画面或从全黑画面淡出,是最简单的一种剪辑手法。淡入淡出剪辑在影片中常用于转场,一般用于某个情节的开始或者结束。常见的是电影开场,全黑的画面中,音乐或者台词先出现,再慢慢浮现出清晰的人或景。

9. 隐藏剪辑

隐藏剪辑是指利用阴影或遮挡物,营造仍处于同一画面的假象的剪辑手法。视频剪辑人员在进行隐藏剪辑时,剪辑点被藏在镜头的快速摇动里,也就是通过镜头运动完成转场,或者利用穿过画面或离开画面的物体衔接镜头。例如,人物正在街边从左往右走去,画面中经过一辆汽车,下一画面就是另一个行走的人物。此时,就是利用了运动的汽车作为遮挡物,使剪辑点不易被发现,达到自然转换画面的效果。

10. 组合剪辑

视频剪辑人员需要根据视频的剧情发展及主题,灵活地运用各种剪辑手法,将它们富有创造力地组合在一起,这会让短视频更有特色,如"交叉剪辑+匹配剪辑""离切剪辑+跳切剪辑"等组合。

采用不同的组合剪辑会产生不一样的画面效果,可以大大强化画面张力,让视频内容呈现更加丰富的效果。

5.2.2　视频剪辑的情绪表达技巧

视频的情绪表达是升华视频内容的重要方式，下面介绍视频剪辑人员在剪辑视频时可以用来表达不同情绪的技巧。

1. 镜头时长

人在表达情绪之前是需要酝酿的，视频剪辑人员在剪辑视频的时候也需要留足镜头的时长，让观众去慢慢体会画面中的人物情感。

当画面中有人说到情感的关键点时，下一句话不要接得太快，应该停顿一会儿。比如一个很凄惨的视频片段中，小孩子在号啕大哭，如果这时候镜头来回快速切换，那么观众可能无法体会到小孩的难过。

2. 画面组接

前面介绍过关于景别的内容，特写和近景用于近距离表现人物。特写能够表现人物表情的变化，通过表情我们便能明确地感受到人物的情绪，因此特写是人物心理外化的手段。视频剪辑人员在剪辑视频时可以在视频内容的恰当位置插入一组近景或特写镜头，展现人物的情绪。例如，紧握拳头的镜头表示愤怒，嘴角上扬的镜头表示开心等。

除了利用特写和近景，视频剪辑人员还可以利用不同的镜头组接展现情绪。例如，视频剪辑人员将多个短镜头组接在一起，可以表达开心、愤怒或紧张的情绪；视频剪辑人员将多个长镜头组接在一起，可以呈现悠闲、无聊或忧伤的情绪；视频剪辑人员运用后拉镜头可以舒缓情绪；视频剪辑人员运用急推镜头能够强化情绪；等等。视频剪辑人员采用不同的画面组接方式，可以为视频内容增添不一样的情绪。

3. 音乐搭配

音乐是表达和强化情绪的关键要素，视频剪辑人员利用音乐的旋律和节奏剪辑视频，可以更好地传递情绪。

（1）卡点法——音画一致

卡点法是指视频剪辑人员在处理剪辑点时，使画面的切换与音乐的重音、节拍、节奏，保持同步或协调，使音画尽量保持一致。例如，抖音常见的卡点类短视频中，画面会随着音乐的旋律产生有节奏的变化，这种声音与画面的高度一致，通常能给人带来视觉与听觉的良好体验。需要注意的是，旋律除了需要与画面保持一致外，还要与视频的内容和意义保持统一。不同风格的音乐带有不同的感情色彩，在画面人物难过的时候用悲伤的音乐，在愉快的故事中用欢快的音乐，这是比较基础的音乐运用原则。

（2）矛盾法——音画对立

矛盾法是指将情绪完全不同的画面和音乐结合在一起，达到出人意料的效果。视频剪辑人员在为视频选择配乐时，可以另辟蹊径，反其道而行之。例如，欢乐的画面配上忧伤的旋律，悲伤的画面搭配明快的节奏。例如，电视剧《红楼梦》中，林黛玉卧病在床，面色苍白，此时的音乐是贾宝玉娶亲时演奏的乐曲。这种喜庆的乐曲和林黛玉的病入膏肓形成鲜明的对比，更能映衬出林黛玉此时的悲伤情绪，还有她悲惨的命运。

但一定要注意，该方法具有一定的适用范围，对严肃的新闻类内容则不适用。

4. 色彩变换

色彩能够表达情绪，对于视频画面，色彩的选择相当重要，它是主观情绪的外化表现。

视频剪辑人员想表现压抑、苦闷以及恐惧的情绪可以用冷色调；暖色调特别适合表现神秘的气氛；饱和度高与对比强烈的色彩让人心情愉悦；亮色可以让画面更具生气；深色可以营造出幽深神秘的氛围，提示故事隐含的戏剧冲突；黑白色在表现怀旧时特别适合；红色会让人感受到亲切、热烈与激情；蓝色会让人感觉冷静、干净；绿色则表示青春、健康与希望。这些基本的色彩认知有助于视频剪辑人员对画面色彩进行恰当的调整。

5.3 使用剪映剪辑视频

5.3.1 认识剪映

剪映是由抖音官方推出的一款专业短视频剪辑 App，支持直接在手机上对拍摄的视频进行剪辑和发布。对多数日常拍摄短视频记录生活的用户来说，剪映是不错的选择。

剪映的视频剪辑功能非常完善，支持视频变速与倒放，支持在短视频中添加音频、识别字幕、添加贴纸、应用滤镜、使用美颜、色度抠图、制作关键帧动画等，而且它提供了非常丰富的曲库和贴纸资源等。即使是视频制作的初学者，也能利用这款工具制作出自己心仪的短视频作品。利用剪映制作的视频，能够发布在几乎所有短视频平台上。

剪映支持多终端操作，既有手机端操作也有 PC 端操作。剪映集合了同类 App 的很多优点，功能齐全且操作灵活，其主要特点如下。

（1）操作方便

剪映中的时间线支持双指放大 / 缩小的操作，手机操作也十分方便。

（2）模板较多

剪映中的模板比较多，而且更新很快。除了热门模板外，它还有卡点、日常碎片、萌娃、情感、玩法、纪念日、情侣、美食和旅行等多种类型的模板，如图 5-7 所示。

（3）音乐丰富

剪映提供了大量的热门歌曲、Vlog 配乐和各种风格的音乐，如图 5-8 所示，视频剪辑人员可以在试听之后选择使用。视频剪辑人员还可以提取其他视频中的背景音乐或录制旁白解说，以及调整导入音乐的音量和效果。

图 5-7

图 5-8

（4）自动踩点

剪映具有自动踩点功能，可以自动根据音乐的节拍和旋律对视频内容进行踩点，视频剪辑人员可根据这些标记来剪辑视频。

（5）工具丰富

剪映具有美颜、特效、滤镜、调色和贴纸等辅助工具，这些工具不但功能丰富，而且应用效果不错，可以让视频变得与众不同。

（6）自动转字幕

剪映具有手动添加字幕和语音自动转字幕功能，并且语音自动转字幕功能是免费的。视频剪辑人员可以设置字幕文字的样式和动画。

5.3.2　剪映基础功能介绍

剪映提供的视频剪辑功能十分齐全，下面介绍一些常用的基础功能。

1. 剪辑

剪辑功能是剪映的主要功能，在编辑主界面下方的工具栏中点击【剪辑】按钮，或者在编辑窗格中点击需要编辑的视频素材，即可展开【剪辑】工具栏，如图 5-9 所示。

图 5-9

下面介绍【剪辑】工具栏中包含的主要功能。

（1）分割

编辑窗格中的白色竖线是时间指针，时间指针在哪里，视频就从哪里开始播放。将时间指针移动到视频中的任意位置，点击【分割】按钮，系统就会以时间指针为分割线，将视频分割为前后两部分，如图 5-10 所示。

（2）变速

选中一段视频，点击【变速】按钮，即可为选中的视频变速。变速包括常规变速和曲线变速两种方式，如图 5-11 所示。

点击【常规变速】按钮，即可进入常规变速设置界面。常规变速是将整段视频根据原速度的 0.1 倍到 100 倍进行变速，用户可以拖动变速条上的红圈对视频进行变速。例如，将红圈拖动到 2.0× 处，视频播放的速度就会变成原来的 2 倍，视频时长由原来的 4.9s 变成了 2.4s，如图 5-12 所示。

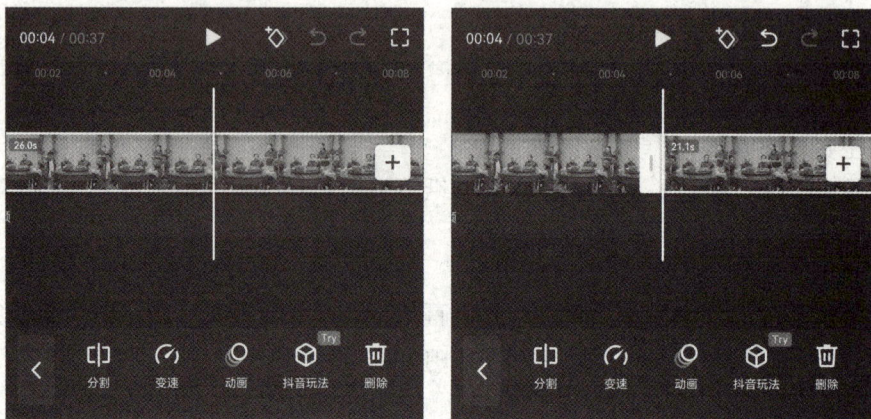

图 5-10

图 5-11

图 5-12

　　点击【曲线变速】按钮，即可进入曲线变速设置界面。曲线变速是指视频的速度变化并不是固定的，不同时间点的视频速度不同。在使用曲线变速时，用户既可以使用系统自带的曲线变速方式进行变速，也可以自定义变速曲线。选择【自定】选项，显示【点击编辑】，如图 5-13 所示。

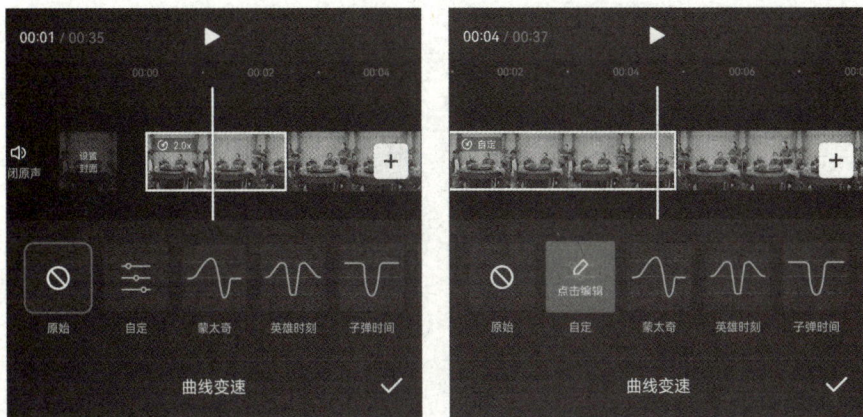

图 5-13

点击【点击编辑】即可进入自定义变速设置界面，自定义变速条上默认带了 5 个变速点，用户可以将变速点上下左右拖曳，还可以添加或删除变速点，如图 5-14 所示。

图 5-14

（3）动画

选中需要添加动画的视频片段，点击【动画】按钮，将展开【动画】栏，其中包括【入场动画】、【出场动画】、【组合动画】3 个选项。例如，选择【入场动画】选项，将展开【入场动画】栏，在其中选择一种动画样式，即可将其应用在短视频中，如图 5-15 所示。

图 5-15

（4）删除

点击【删除】按钮可以删除选择的视频素材，如图5-16所示。

图5-16

（5）音量

选中需要调节音量的视频片段，点击【音量】按钮，可以在展开的【音量】栏中调节当前视频素材的音量。另外，点击编辑窗格左侧的【关闭原声】按钮，可以关闭所有视频素材的声音，如图5-17所示。

图5-17

（6）编辑

选中视频，点击【编辑】按钮，将展开【编辑】栏，其中包括【旋转】、【镜像】、【裁剪】3个按钮，如图5-18所示。

图5-18

点击【旋转】按钮，可将视频素材按照顺时针方向旋转 90°；点击【镜像】按钮，可将视频素材进行镜像翻转，如图 5-19 所示。

图 5-19

点击【裁剪】按钮，将展开【裁剪】栏，在其中任意选择一种比例样式，即可按该比例裁剪视频素材，如图 5-20 所示。

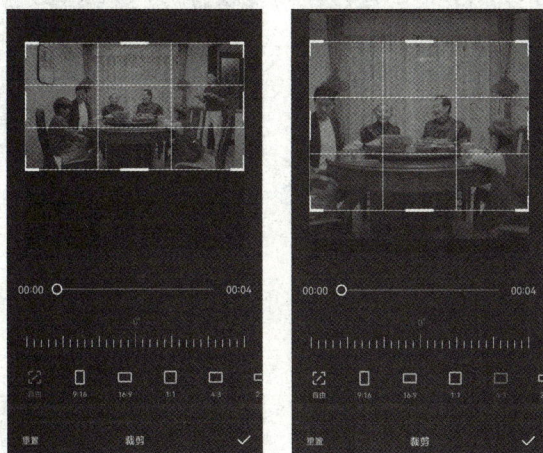

图 5-20

（7）滤镜

点击【滤镜】按钮，将展开【滤镜】栏，在其中可以选择一种滤镜样式应用到视频素材中，如图 5-21 所示。

图 5-21

（8）调节

除了直接使用滤镜外，用户还可以根据需求自行调节画面的亮度、对比度等。点击【调节】按钮，将展开【调节】栏，在其中点击对应的按钮，拖动下方滑块，即可调节视频素材的各个参数，包括【亮度】、【对比度】、【饱和度】、【光感】等，如图 5-22 所示。

图 5-22

（9）不透明度

点击【不透明度】按钮，将展开【不透明度】栏，拖动下方滑块，即可调节视频素材的不透明度，如图 5-23 所示。

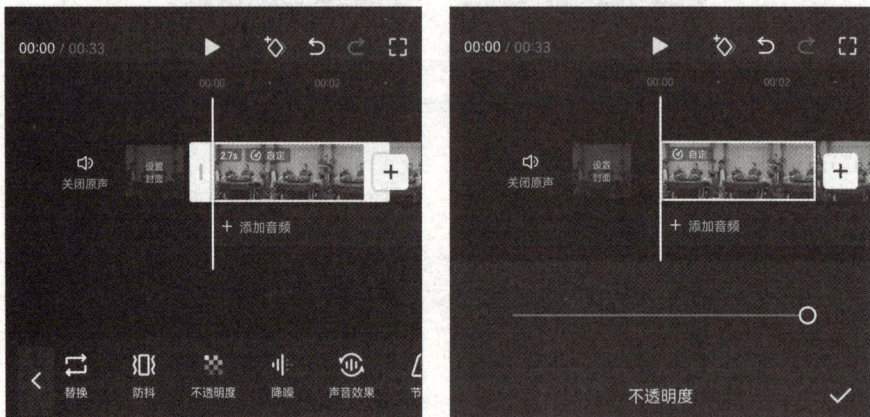

图 5-23

（10）美颜美体

点击【美颜美体】按钮，将展开【美颜美体】栏，如图 5-24 所示。

点击【美颜】按钮，展开【美颜】栏，点击对应的按钮或选择相应的特效样式并拖动下方的滑块即可对视频素材中的人物进行相应的美颜，如图 5-25 所示。

点击【美体】按钮，展开【美体】栏，点击对应的按钮并拖动下方的滑块即可对视频素材中的人物进行相应的美体，如图 5-26 所示。

图 5-24

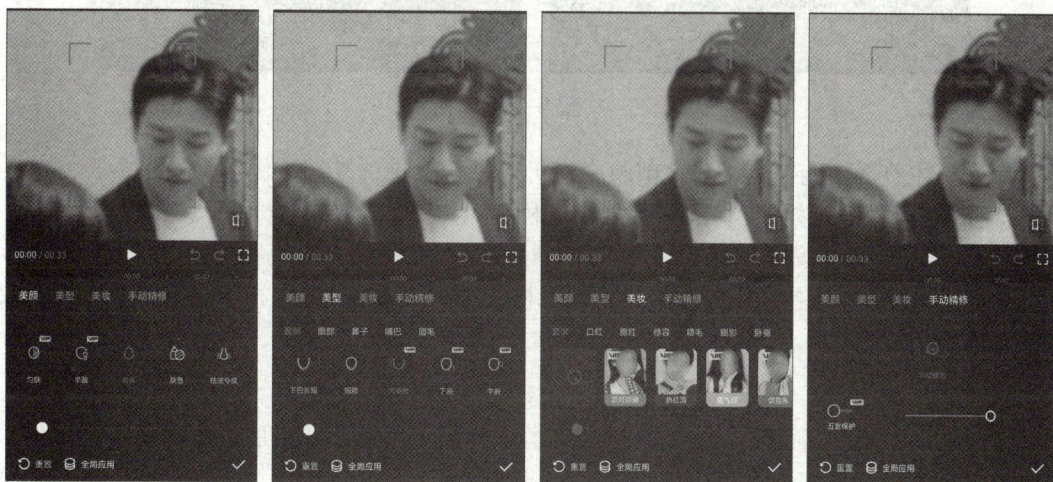

图 5-25

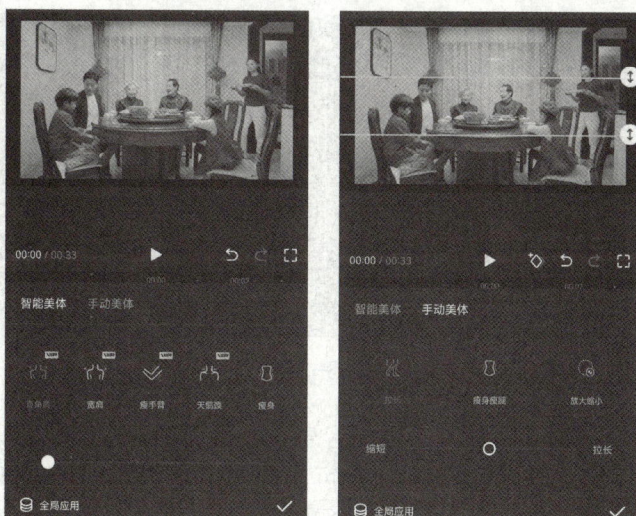

图 5-26

（11）声音效果

点击【声音效果】按钮，将展开【声音效果】栏，用户可以选择不同的声音效果应用到视频素材中，如将视频声音转换为【女孩】、【大叔】等的声音，如图 5-27 所示。

图 5-27

除了上述剪辑功能外，用户在剪映中还可以进行降噪、复制、倒放等操作。

① 点击【降噪】按钮，将展开【降噪】栏，可以开启降噪功能。

② 点击【复制】按钮，将复制当前的视频素材，并粘贴至原视频的前面。

③ 点击【倒放】按钮，可将当前的视频素材从尾到头重新播放，再次点击【倒放】按钮，将恢复原始播放顺序。

2. 音频

在剪映的编辑主界面下方的工具栏中点击【音频】按钮，即可展开【音频】工具栏，其中主要包含【音乐】、【版权校验】、【抖音收藏】、【音效】、【提取音乐】、【录音】6 个按钮，如图 5-28 所示。

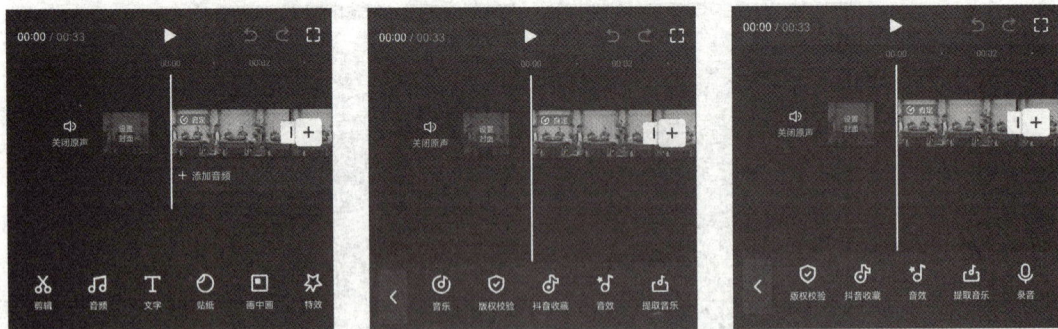

图 5-28

① 点击【音乐】按钮，将进入【添加音乐】界面，用户在其中可以试听、收藏和下载相关音乐，并将其添加到视频素材中，也可以在该界面搜索或导入音乐并应用。

② 点击【版权校验】按钮，系统会自动读取视频音乐进行校验，显示"已通过"即可应用。

③ 点击【抖音收藏】按钮，可以将抖音收藏的音乐应用到视频素材中。

④ 点击【音效】按钮，将展开【音效】栏，用户在其中可以收藏、下载和应用相关的音效，如图 5-29 所示。

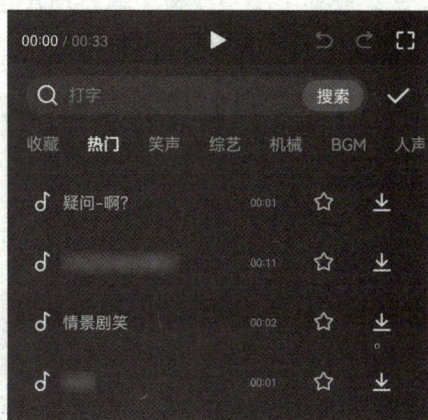

图 5-29

⑤ 点击【提取音乐】按钮，将打开本地视频文件夹，用户在其中选择一个视频文件，就能将视频中的音频提取出来作为当前视频素材的音乐使用。

⑥ 点击【录音】按钮，将展开【录音】栏，按住录音按钮即可录音。

3. 文字

在剪映的编辑主界面下方的工具栏中点击【文字】按钮，即可展开【文字】工具栏，其中主要包含【新建文本】、【添加贴纸】、【识别字幕】、【文字模板】、【识别歌词】等按钮，如图 5-30 所示。

图 5-30

① 点击【新建文本】按钮，将展开【文本】栏，同时在视频素材中添加文本框。用户可以直接点击【智能文案】按钮，系统将会根据视频内容自动生成文案，也可以手动输入文案，然后通过【字体】、【样式】、【花字】、【文字模板】、【动画】等选项对文字进行设置。另外，用户在视频素材中点击文本框，还可以通过调整文本框来调整文字的大小、位置、方向和角度等，如图 5-31 所示。

② 点击【添加贴纸】按钮，将展开【添加贴纸】栏，用户在其中可以选择不同样式的贴纸应用到视频素材中，如图 5-32 所示。

③ 点击【识别字幕】按钮，选择识别类型，然后点击【开始匹配】按钮，如图 5-33 所示，系统将自动识别视频素材中的字幕。

④ 点击【文字模板】按钮，进入【文字模板】栏，用户选择要使用的文字模板，点击文字进行内容修改，还可以改变文字的大小和位置，如图 5-34 所示。

图 5-31

图 5-32　　　　　　　　　　图 5-33　　　　　　　　　　图 5-34

⑤ 如果视频中有背景音乐，点击【识别歌词】按钮，然后点击【开始匹配】按钮，如图 5-35 所示，系统将自动识别添加的音乐中的歌词。

图 5-35

4. 特效

在剪映的编辑主界面下方的工具栏中点击【特效】按钮，即可展开【特效】工具栏，其中包括【画面特效】、【人物特效】、【图片玩法】、【AI 特效】按钮，如图 5-36 所示。

① 点击【画面特效】按钮，即可展开【画面特效】栏，如图 5-37 所示。

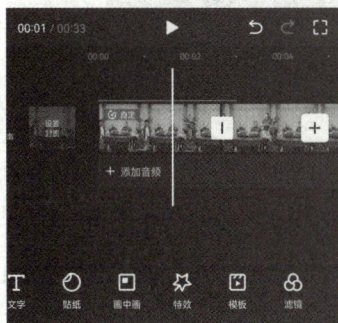

图 5-36

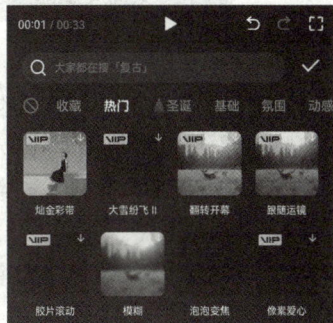

图 5-37

② 点击【人物特效】按钮，即可展开【人物特效】栏，在其中选择一种特效即可将其应用到当前的视频素材中，如图 5-38 所示。

③ 点击【图片玩法】按钮，即可展开【图片玩法】栏，在其中选择一种图片玩法即可将其应用到当前的视频素材中，如图 5-39 所示。

④ 点击【AI 特效】按钮，即可使用剪映软件中提供的人工智能技术制作的特效，如图 5-40 所示。这些特效通过智能算法将不同元素融合在一起，能够用以制作出更加生动、有趣的视频。

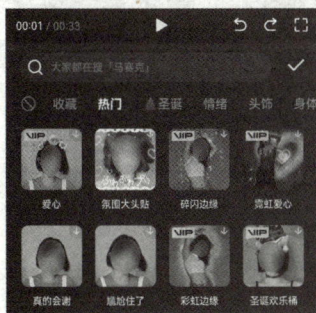

图 5-38

图 5-39

图 5-40

5. 背景

在剪映的编辑主界面下方的工具栏中点击【背景】按钮，即可展开【背景】工具栏。通常视频界面比画布小时，就需要设置背景颜色，使背景颜色与视频画面匹配。【背景】工具栏包含【画布颜色】、【画布样式】、【画布模糊】3个按钮，如图5-41所示。

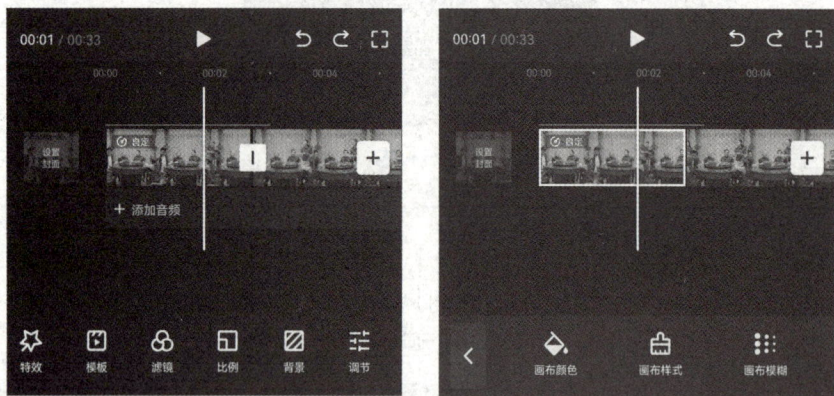

图 5-41

① 点击【画布颜色】按钮，将展开【画布颜色】栏，在其中可以选择一种颜色作为短视频背景色，如图5-42所示。

② 点击【画布样式】按钮，将展开【画布样式】栏，在其中可以选择一张图片作为短视频背景的样式，如图5-43所示。

③ 点击【画布模糊】按钮，将展开【画布模糊】栏，在其中可以选择短视频背景的模糊程度，如图5-44所示。

图 5-42   图 5-43   图 5-44

课堂练习

拍摄一段时长约3分钟的视频，并使用剪映进行剪辑，剪辑后的视频时长要求为1分钟。

5.4　其他移动端视频剪辑工具

扫一扫

移动端视频剪辑工具近年来备受关注，除了抖音官方的剪辑工具剪映外，快手官方也推出了剪辑工具快影，除此之外，还有快剪辑、小影等。总的来说，移动端视频剪辑工具在功能上已经越来越丰富，操作也越来越简单，可以满足大多数人的需求。

5.4.1　快影

快影是一款由快手推出的视频剪辑工具，该工具具有强大的功能和简单易用的特点。下面介绍如何使用快影剪辑视频，具体操作步骤如下。

01　打开快影，切换到【剪辑】界面，点击【开始剪辑】按钮，如图 5-45 所示。

02　点击【相册】→【视频】文件夹，点击视频右上角的圆圈选中视频，然后点击【选好了】按钮，如图 5-46 所示。

03　将视频导入快影，选中第 1 段视频，点击【变速】按钮，如图 5-47 所示。

图 5-45

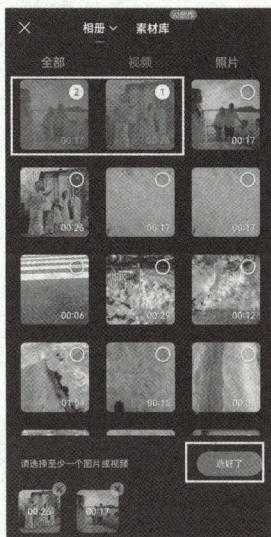
图 5-46

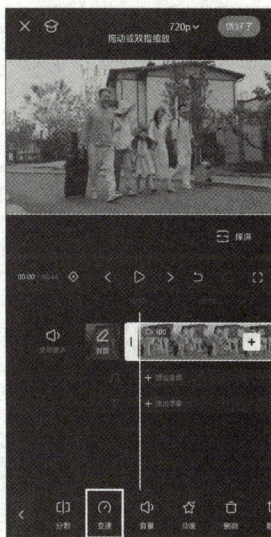
图 5-47

04　进入快影变速界面，切换到【常规变速】界面，拖动变速条上的圆圈，即可调整视频的速度，此处调整为 3 倍速，视频片段时长由 25.6s 变成 8.5s，调整完毕，点击【√】按钮，如图 5-48 所示。

05　返回编辑主界面，如图 5-49 所示。

06　按照相同的方法，将第 2 段视频也调整为 3 倍速，如图 5-50 所示。

07　设置转场效果，点击两段视频中间的"|"，打开【转场效果】界面，如图 5-51 所示。

08　选择一种合适的转场效果，如选择【叠化】→【拉远】选项，如图 5-52 所示。

09　此时在界面下方出现一个时间轴，拖动时间轴上的滑块，可以调整转场时长，如图 5-53 所示。

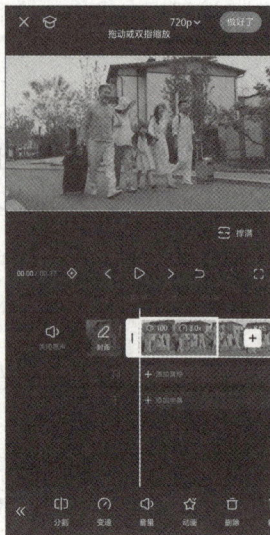

图 5-48　　　　　　　图 5-49　　　　　　　图 5-50

图 5-51　　　　　　　图 5-52　　　　　　　图 5-53

10　添加字幕。将时间线定位到视频开头的位置，点击视频时间轴下方的【添加字幕】按钮，如图 5-54 所示。

11　进入字幕编辑界面，输入字幕，然后选择合适的模板、字体、样式等，如图 5-55 所示。

12　设置完毕，点击【√】按钮完成编辑，返回主界面，用户可以用手指拖动、旋转、调整字幕的位置、方向等，而且可以调整字幕条的长度，从而调整字幕的显示时长，如图 5-56 所示。

13　在拍摄视频的时候，如果有杂乱的环境音，可以将视频静音，然后再添加背景音乐。点击视频轨道左侧的【关闭原声】按钮，使其显示为【开启原声】，如图 5-57 所示。

14　点击视频轨道下方的【添加音频】按钮即可打开音乐库，如图 5-58 所示。

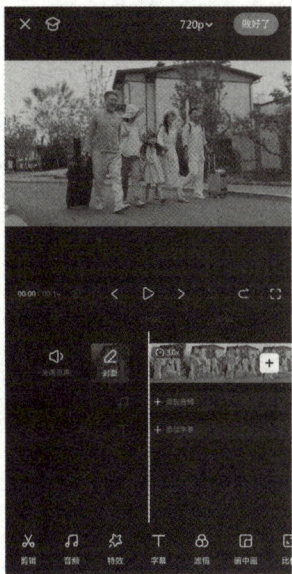
图 5-54

图 5-55

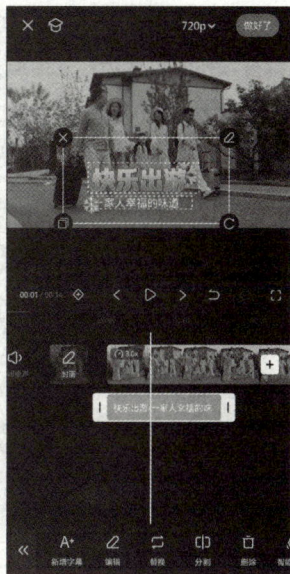
图 5-56

图 5-57

图 5-58

15 在音乐库中选择合适的音乐分类，并选择音乐试听，还可以选择设置音乐的起始点，若使用该音乐，则点击【使用】按钮，如图 5-59 所示。

16 添加背景音乐，视频剪辑完成之后，点击右上角的【做好了】按钮，如图 5-60 所示。

17 弹出【导出选项】，如果只想保存到相册，则点击左侧的下载按钮，如果要同步发布到快手，则直接点击【保存并发布到快手】按钮即可，如图 5-61 所示。

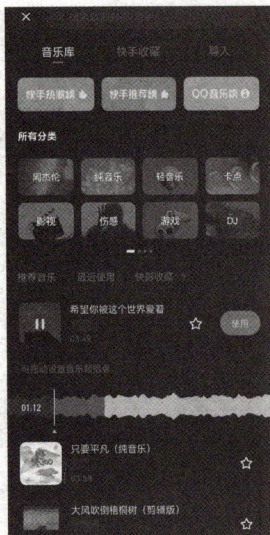

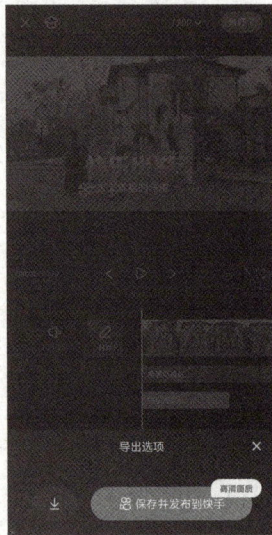

图 5-59　　　　　　　图 5-60　　　　　　　图 5-61

5.4.2　快剪辑

快剪辑是一款功能强大的视频剪辑工具，支持帧精确（帧精确是一种视频编辑技术，它允许视频剪辑人员精确到每一帧进行剪辑和调整）的专业剪辑模式，可满足不同的剪辑需求。同时，快剪辑支持快速模式，即使是新手也能快速上手，简单易用。

在快剪辑的主界面中，用户可以点击【开始剪辑】按钮，然后对已拍摄好的视频进行导入，如图 5-62 所示，导入视频后即可按照需求进行剪辑。

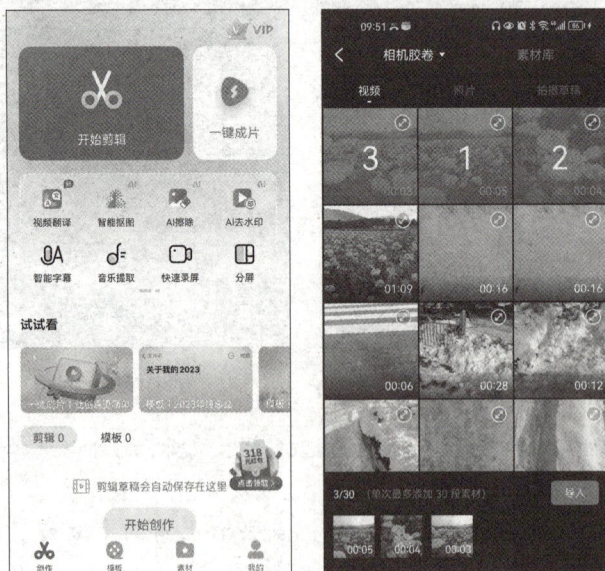

图 5-62

选择视频后，点击【导入】按钮，用户就可以正式进行视频的专业剪辑了。快剪辑具有音频、字幕、特效、贴纸、装饰、画中画等栏目，如图 5-63 所示。对于多段视频的过渡，系统提供了多种转场效果，如图 5-64 所示。

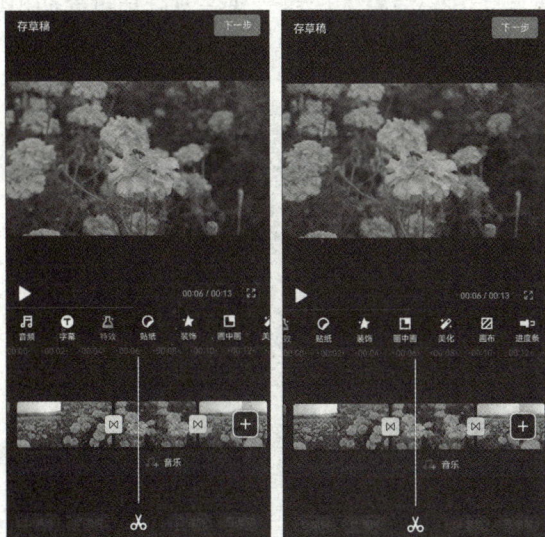

图 5-63

图 5-64

快剪辑还具有滤镜、画质、动画、编辑、变速、倒放、变焦、截取、音量、变声等栏目，还支持对视频进行拆分和复制，操作都非常简单，如图 5-65 所示。

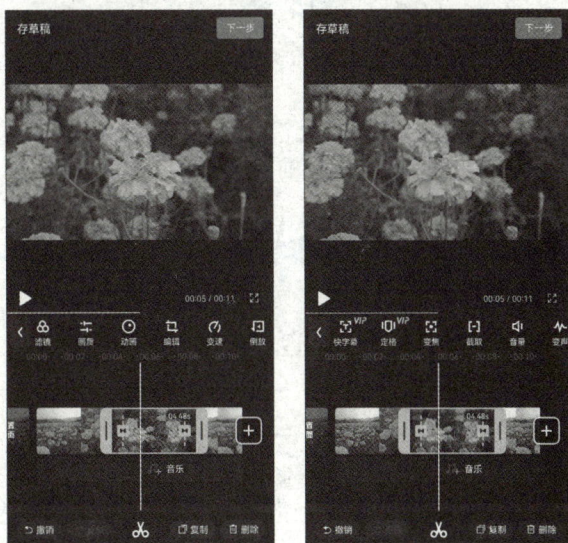

图 5-65

5.4.3　小影

小影是一家成立于 2012 年 6 月的视频创作软件企业，旗下拥有小影、VivaCut 和节奏酱等视频工具。小影科技强调其产品矩阵完全是自主研发的，拥有多项音视频、图形图像方面的专利技术。

小影不仅可以用来拍摄视频,还可以用来剪辑视频。小影有强大的视频编辑功能,音乐、字幕、滤镜等一应俱全,可以让用户轻松打造属于自己的专业视频。

在小影的主界面中,用户可以点击【开始剪辑】按钮,然后对已拍摄好的视频进行导入,如图 5-66 所示,导入视频后即可按照需求进行剪辑。

图 5-66

📖 **课堂练习**

拍摄一段同学上课的视频,并使用小影剪辑视频。

章节实训

利用手机剪映,将本书素材文件中的"海边游玩"照片制作成一个卡点视频。

【实训目标】

掌握利用剪映制作卡点视频的技能。

【实训思路】

1. 打开剪映,点击【开始创作】按钮,然后从手机相册导入相关的素材。

2. 进入编辑界面之后,点击底端的【音频】→【音乐】按钮,找到【卡点】曲库,选择一首你喜欢的卡点音乐,点击【使用】按钮即可。

3. 选中音频素材,点击【节拍】按钮,点击【自动踩点】。

4. 选中视频轨道中的第一张图片素材,拖动调整其时长,使其与音频的节拍点对齐,按照相同的方法依次调整后面的图片。

5. 依次选中视频轨道中的图片,点击【动画】按钮,在展开的【动画】栏中选择【组合动画】选项,设置完成后,导出即可。

思考与练习

一、填空题

1. 剪辑节奏主要包括两个方面：一个是 _____，另一个是 _____。
2. 给视频配乐时，可以使用两种方法：_____ 和 _____。

二、单项选择题

1. 剪辑视频时，下列说法错误的是（　　）。
   A．统一画面重点　　　　　　　　B．统一运动方向
   C．不同的镜头不能结合在一起　　D．统一画面色调
2. 下列关于视频剪辑的常用手法，说法正确的是（　　）。
   A．动作顺接剪辑是指镜头在角色运动时仍进行切换，但剪辑点一定要在动作展开之际
   B．交叉剪辑是指将同一时间、不同空间发生的两个或多个场景来回切换的剪辑，以借场景的频繁切换来建立角色之间的联系
   C．匹配剪辑是指连接两个画面中被摄主体动作完全一致的镜头
   D．叠化剪辑是指镜头从模糊进入全黑画面或从全黑画面淡出
3. 下列关于剪映功能的说法错误的是（　　）。
   A．剪映可以对视频进行加速　　　　B．剪映可以对视频进行减速
   C．剪映不可以对视频进行不规则变速　D．剪映可以对视频进行不规则变速

三、判断题

1. 剪映进行自定义变速时，最多可以使用 5 个变速点。（　　）
2. 矛盾法是指将情绪完全不同的画面和音乐结合在一起，达到出人意料的效果。（　　）
3. 要将两个截然不同的镜头自然地衔接在一起，需要找到镜头中相关联的部分元素，将两者完美结合即可。（　　）

四、问答题

1. 列出 6 种视频剪辑的常用手法。
2. 剪辑视频时，怎样才能统一画面重点？
3. 说说剪辑视频需要遵循怎样的原则。

五、技能实训

1. 使用剪映将素材文件中的视频"采茶"进行 3 倍变速。
2. 使用剪映为素材文件中的视频"采茶"添加背景音乐。

第6章
PC 端视频后期剪辑

学习目标

√ 了解 Premiere Pro，熟悉 Premiere Pro 的工作区
√ 掌握导入并修剪视频素材的基本操作方法
√ 掌握视频效果与转场的设置技巧
√ 掌握文本与音频的编辑方法

课前思考

电影剪辑最早存在于默片时代，剪辑师的存在，是为了挑选出合适的片段，形成最终的电影。

剪辑，顾名思义是由"剪"和"辑"两部分组成的。电影艺术的初期即胶片时代，针对每一段录像都要做标记。直到计算机加入了电影的制作，电影剪辑才开始变得不用那么费力。在数字化时代，电影剪辑已经趋向于一种艺术化的存在，它是对电影的二次创作。

我们现在常说的电影特效，其实就是剪辑的一种延伸。随着时代的发展，很多原本电影中没有的情节，都可以通过剪辑的手段呈现出来，这也体现了剪辑师的创造力。

思考题：

1. 请谈谈你对剪辑有哪些新的认识。
2. 结合以上内容，谈谈你对剪辑师职业的理解。

6.1 认识 Premiere Pro

Premiere Pro（简称 Premiere）是由 Adobe 公司基于 Mac 和 Windows 开发的一款非线性剪辑软件，被广泛应用于电视剧制作、广告制作和电影制作等领域，在短视频的后期制作领域应用也十分广泛。

Premiere 拥有强大的视频编辑能力和灵活性，易学且高效，可以充分发挥用户的创造能力。

本节将对 Premiere 的操作界面、工作区进行详细的讲解。

扫一扫

6.1.1　Premiere Pro 的操作界面

Premiere 的操作界面如图 6-1 所示。标题栏和菜单栏在界面的最上方，标题栏显示 Premiere 的版本以及项目文件存储的具体路径。Premiere 的操作都可以通过选择菜单栏中的选项来实现。菜单栏主要由"文件""编辑""剪辑""序列""标记""图形""视图""窗口""帮助"组成。Premiere 所有的操作命令都包含在这些菜单及其子菜单中。

图 6-1

6.1.2　Premiere Pro 的工作区

在 Premiere 中，各个窗口和面板的组合称为工作区。用户可以根据项目需要选择软件内置的不同工作区，如图 6-2 所示。

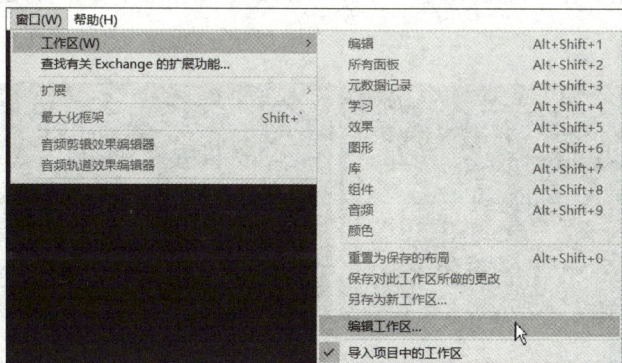

图 6-2

Premiere 默认的工作区为"编辑工作区"，整个工作区的布局如图 6-3 所示。"编辑工作区"包含【项目】面板、【工具】面板、【时间轴】面板、【节目】面板、控制面板组（【源】面板、【效果控件】面板、【音频剪辑混合器】面板等）以及【主音频仪表】面板。

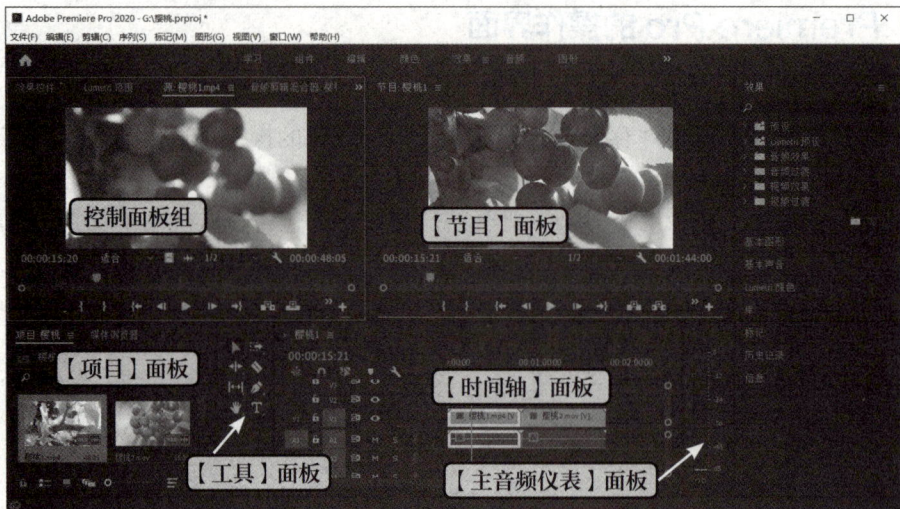

图 6-3

在 Premiere 工作区中单击某个面板，面板就会显示蓝色高亮的边框，表示当前面板处于活动状态。当显示多个面板时，只会有一个面板处于活动状态。

下面介绍"编辑工作区"中常用面板的主要功能。

1. 【项目】面板

【项目】面板主要用于导入、存放和管理剪辑素材，素材类型可以是视频、音频、图片等。

单击【项目】面板左下方的【图标视图】按钮▣，切换到图标视图，可以预览素材信息，如图 6-4 所示。拖动素材缩略图下方的播放头，可以向前或向后播放视频。如果素材很多，可以通过素材箱来组织视频素材。素材箱与文件夹类似，可以将一个素材箱放到另一个素材箱中，以方便对素材进行高级管理。单击【项目】面板右下方的【新建素材箱】按钮▣，即可新建一个素材箱，单击【项目】面板右下方的【新建项】按钮▣，弹出的菜单中包括【序列】、【调整图层】、【黑场视频】、【字幕】、【颜色遮罩】、【透明视频】等选项，如图 6-5 所示。

图 6-4

图 6-5

2. 【源】面板

双击【项目】面板中的视频素材，可以在【源】面板中预览视频素材，如图 6-6 所示。单击面板下方工具栏中的按钮，可以对视频素材执行相关操作，如标记入点、标记出点、转到入点、后退一帧、播放 / 停止、前进一帧、转到出点、插入、覆盖、导出帧等。

单击面板右下方的【按钮编辑器】按钮，在弹出的面板中可以管理工具栏中的按钮，如图 6-7 所示。若要在工具栏中添加按钮，可以将按钮从面板拖入工具栏；若要清除工具栏中的按钮，可以将按钮拖出工具栏。在【源】面板中右击，在弹出的快捷菜单中也可以对视频素材进行相关操作。

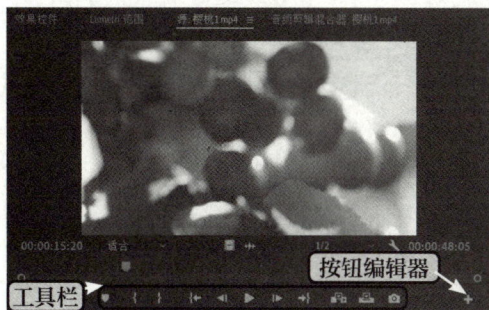

图 6-6

图 6-7

3.　【时间轴】面板

【时间轴】面板用于进行视频剪辑，在视频剪辑过程中大部分的工作是在【时间轴】面板中完成的。剪辑轨道分为视频轨道和音频轨道，视频轨道的表示方式是 V1、V2、V3 等，音频轨道的表示方式是 A1、A2、A3 等，如图 6-8 所示。

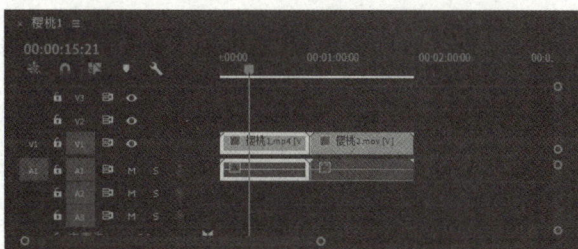

图 6-8

用户可以添加多轨视频，如果需要增加轨道数量，可以在轨道的空白处右击，在弹出的快捷菜单中选择【添加轨道】选项，在弹出的【添加轨道】对话框中设置添加轨道的数量和位置，如图 6-9 所示。音频轨道的添加方式与视频轨道的添加方式相同，当音频轨道中有多条音频时，声音将同时播放。

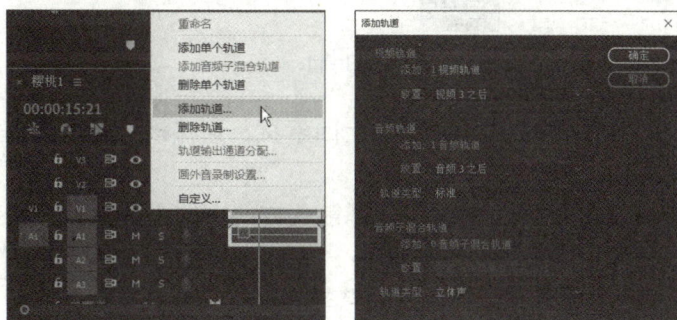

图 6-9

4．【节目】面板

【节目】面板主要用来预览【时间轴】面板中正在编辑的素材，也是最终输出视频效果的预览窗口。该面板左上角显示当前序列的名称，通过单击面板下方工具栏中的按钮可以对视频素材执行相关操作（同【源】面板操作），如图 6-10 所示。

图 6-10

5．【工具】面板

【工具】面板是 Premiere 工作区的重要组成部分，选中该面板中的某个工具即可使用相应的编辑功能，如图 6-11 所示。

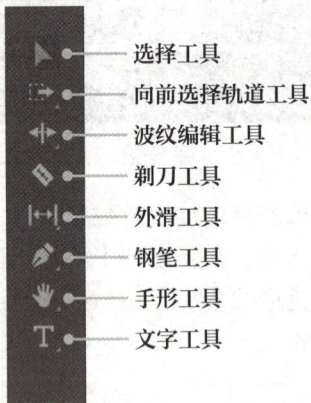

选择工具
向前选择轨道工具
波纹编辑工具
剃刀工具
外滑工具
钢笔工具
手形工具
文字工具

图 6-11

① 选择工具。该工具用于选择时间轴上的素材。选择该工具，按住【Shift】键可以选择多个素材。

② 向前选择轨道工具。该工具用于选择箭头方向上的全部素材，调整整体内容的位置。需要注意的是，该工具右下角有一个小三角，表示其有隐藏功能，按住【Alt】键的同时单击该小三角即可切换其他工具（向后选择轨道工具）。

③ 波纹编辑工具。选择该工具，可以调节素材的长度。将素材的长度缩短或拉长时，

该素材后方的所有素材会自动跟进。按住【Alt】键的同时单击该按钮，可以切换到滚动编辑工具和比率拉伸工具（相应内容见 6.2.2 小节和 6.2.3 小节）。

④ 剃刀工具。选择该工具，在素材片段上单击，可以将素材片段切割成两部分。选择该工具，按住【Shift】键可以裁剪多个轨道中的素材。

⑤ 外滑工具。选择该工具，按住鼠标左键，拖曳时间轴上的某个片段，可以同时改变该片段的出点和入点，而片段长度不变（前提是出点后和入点前有必要的余量可供调节）。同时，相邻片段的出入点及影片长度不变。内滑工具和外滑工具正好相反。

⑥ 钢笔工具。该工具可以调节关键帧，从而满足编辑需求。

⑦ 手形工具。选择该工具，在时间轴中拖动，可以将时间轴进行平移，方便用户查看时间轴上的素材内容。

⑧ 文字工具。使用该工具可以为视频添加文字内容。

课堂练习

请你根据自己的使用习惯，重新编辑 Premiere 工作区的布局。

6.2　导入并修剪视频素材

在 Premiere 中导入并修剪视频素材，包括新建项目并导入视频素材、修剪与调整视频素材、视频调速等操作。

6.2.1　新建项目并导入视频素材

扫一扫

首次启动 Premiere 时，会进入【主页】界面。如果曾经打开过 Premiere 项目，则【主页】界面的中间会显示一个列表，显示之前打开过的项目文件，如图 6-12 所示。

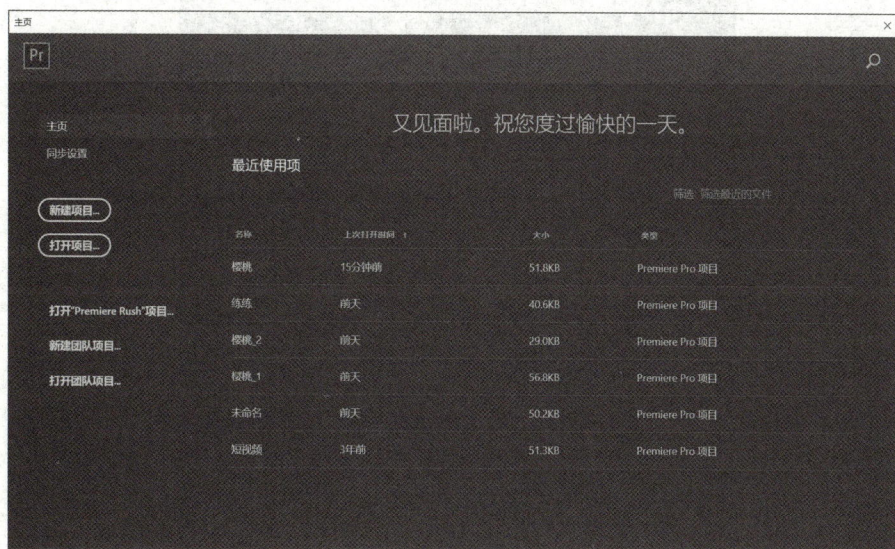

图 6-12

视频创作者只要单击项目名称，即可打开对应的项目文件。当然，通过界面左侧的选项，视频创作者也可以打开存储在本地的项目，或者云同步的项目。以 Premiere 2020 为例，下面重点介绍如何新建项目。

1. 新建项目

`01` 启动 Premiere 2020，在【主页】界面中单击【新建项目】按钮，如图 6-13 所示。

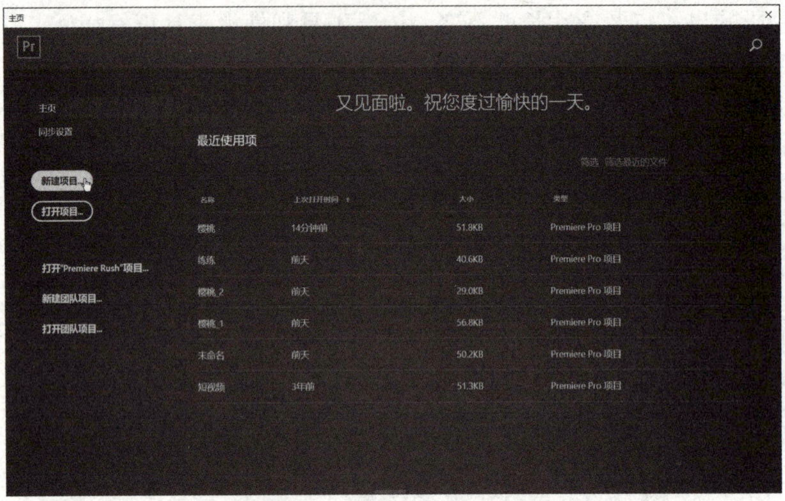

图 6-13

`02` 弹出【新建项目】对话框，在【名称】文本框中输入"图书馆学习"，单击【位置】文本框右侧的【浏览】按钮，设置项目的保存位置，其余选项默认不变，单击【确定】按钮，如图 6-14 所示。

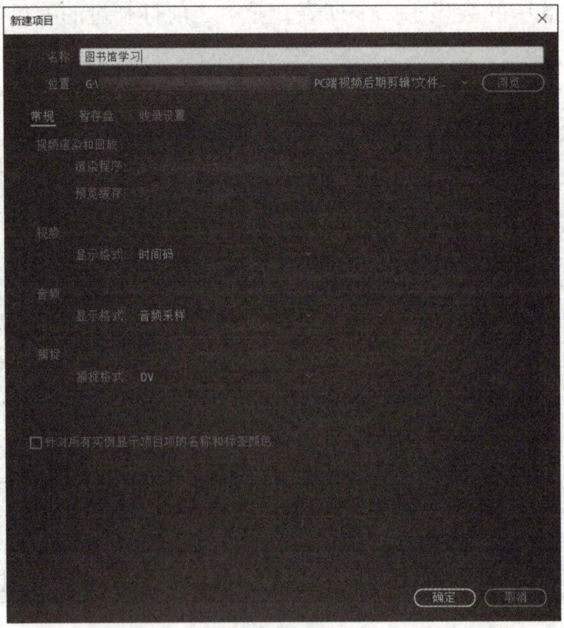

图 6-14

2．导入视频素材

通常只有导入项目的素材才能在视频剪辑或制作的过程中使用，素材类型可以是原始视频、图片或音频等。导入视频素材的具体操作步骤如下。

01 在【项目】面板的空白处双击或右击，在快捷菜单中选择【导入】选项，如图 6-15 所示。

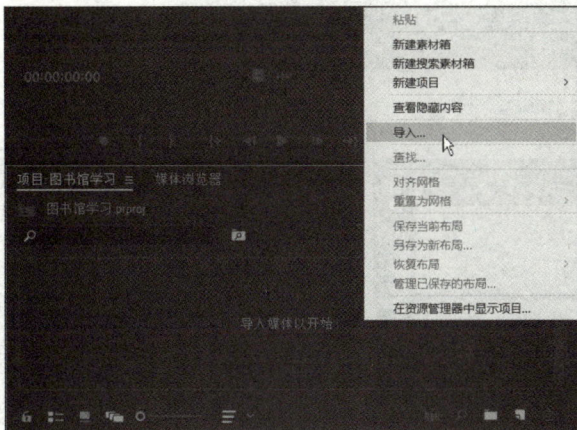

图 6-15

02 弹出【导入】对话框，选中需要导入的素材文件，单击【打开】按钮，如图 6-16 所示，即可将素材导入【项目】面板，如图 6-17 所示。

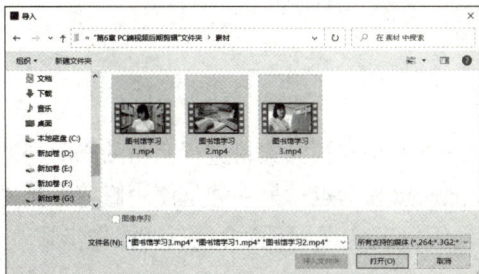

图 6-16

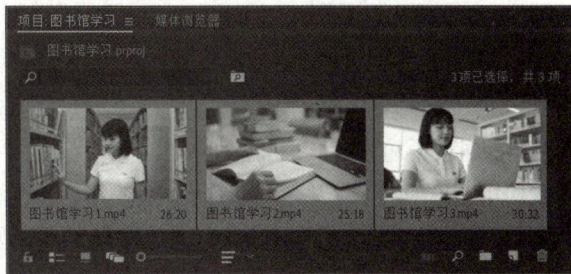

图 6-17

3．创建序列

在剪辑前，视频创作者需要先创建序列。序列相当于一个容器，添加到序列内的剪辑素材会形成一段连续播放的视频。创建序列的具体操作步骤如下。

01 单击【项目】面板右下角的【新建项】按钮，在弹出的菜单中选择【序列】选项，如图 6-18 所示。或者在【项目】面板的空白处右击，在弹出的菜单中选择【新建项目】→【序列】选项，如图 6-19 所示。

02 弹出【新建序列】对话框，选择【宽屏 32kHz】选项，在【序列名称】文本框中输入序列名称"图书馆"，单击【确定】按钮，如图 6-20 所示。在【项目】面板中即可看到新建的序列，如图 6-21 所示。

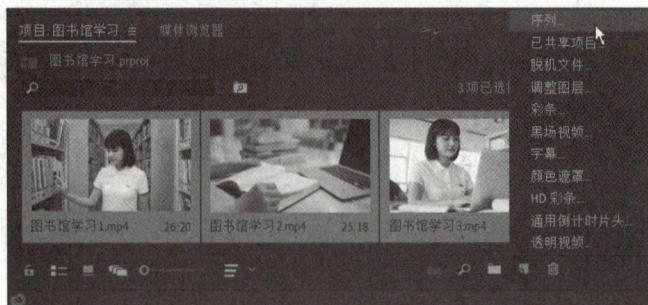

图 6-18

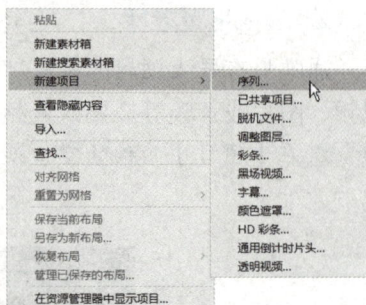

图 6-19

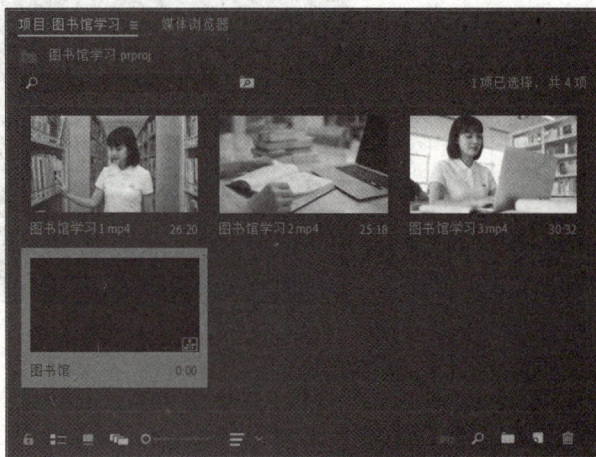

图 6-20

图 6-21

6.2.2 修剪与调整视频素材

在剪辑视频的时候，视频创作者需要做的第一个工作就是对视频素材进行粗略的修剪与调整。修剪与调整视频素材主要有两种方法：一种是标记入点和出点；另一种是使用修剪工具进行调整，所用工具包括剃刀工具、波纹编辑工具和滚动编辑工具等。下面介绍具体操作步骤。

1. 标记入点和出点

01　打开项目文件"图书馆学习"，在【项目】面板中双击视频素材"图书馆学习1"，在【源】面板中预览素材。将播放指示器移至剪辑的开始位置，这里选择"00:00:03:24"处，然后单击【标记入点】按钮，标记剪辑的入点，如图 6-22 所示。

图 6-22

02 按照上述同样的操作，在"00:00:11:31"处标记出点，然后拖动【仅拖动视频】按钮到【时间轴】面板中，如图 6-23 所示。

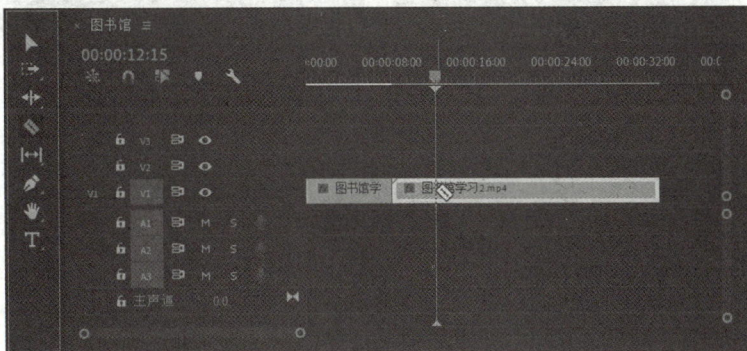

图 6-23

2. 使用修剪工具

除了在【源】面板中对视频进行修剪外，视频创作者还可以直接将视频素材拖至【时间轴】面板中，使用【工具】面板中的修剪工具进行修剪。

01 使用剃刀工具。将【项目】面板中的"图书馆学习 2"拖至【时间轴】面板中，按空格键开始播放，并在【节目】面板中预览视频，当播放到要裁剪的位置时，按空格键停止播放，单击【工具】面板中的【剃刀工具】按钮，在时间线处单击即可进行裁剪，如图 6-24 所示，随即该视频素材被裁剪为两部分，如图 6-25 所示。

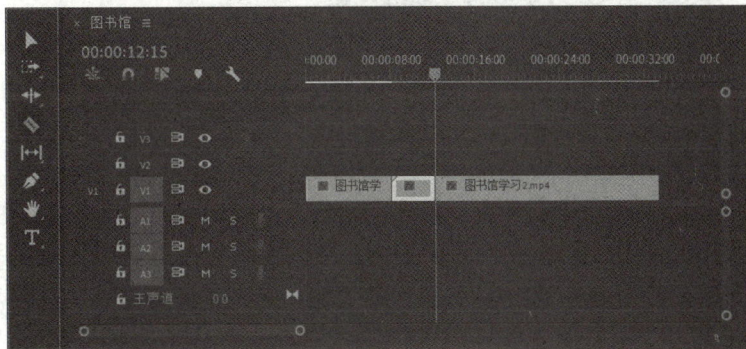

图 6-24

图 6-25

02　删除片段。使用剃刀工具分割之后，单击【工具】面板中的【选择工具】按钮，选中不需要的视频片段，如图 6-26 所示，按【Delete】键删除。删除之后两段视频之间会有空隙，如图 6-27 所示。选中空隙，如图 6-28 所示，再按一次【Delete】键即可删除，如图 6-29 所示。如果不想出现空隙，在删除视频片段时，直接在视频片段上右击，在弹出的快捷菜单中选择【波纹删除】选项即可，如图 6-30 所示。

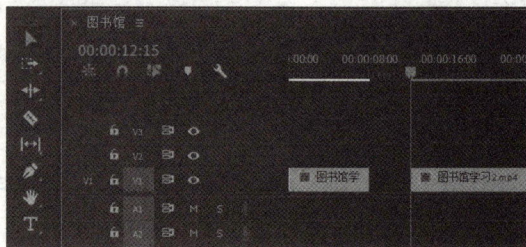

图 6-26　　　　　　　　　　　　　　　　图 6-27

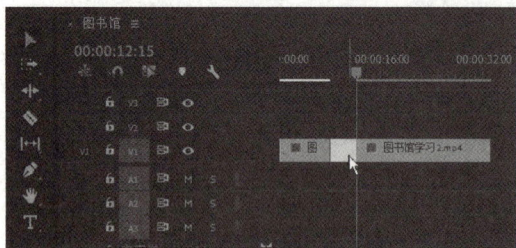

图 6-28　　　　　　　　　　　　　　　　图 6-29

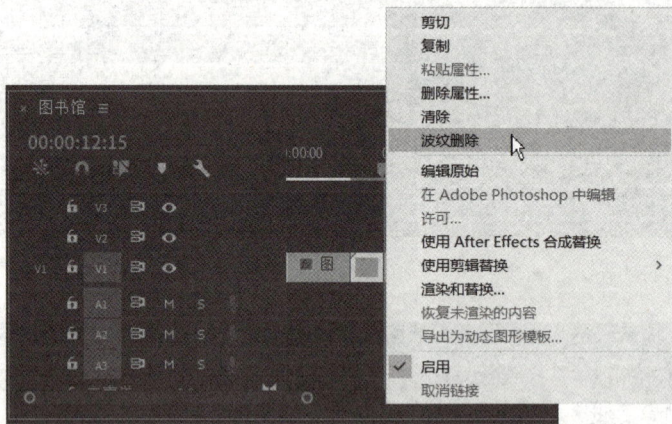

图 6-30

03　使用波纹编辑工具。将【项目】面板中的"图书馆学习 3"拖至【时间轴】面板中，单击【工具】面板中的【波纹编辑工具】按钮，将鼠标指针移至"图书馆学习 2"的出点，按住鼠标左键拖动，即可进行波纹修剪，如图 6-31 所示。使用波纹修剪仅改变编辑点后接剪辑的位置，不会改变后接剪辑的入点和出点位置（即"图书馆学习 3"的入点和出点都不变），如图 6-32 所示。

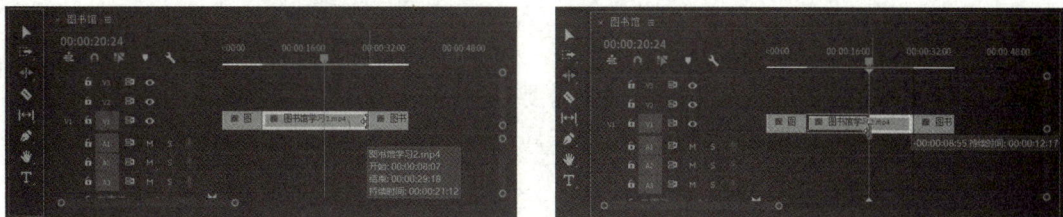

图6-31

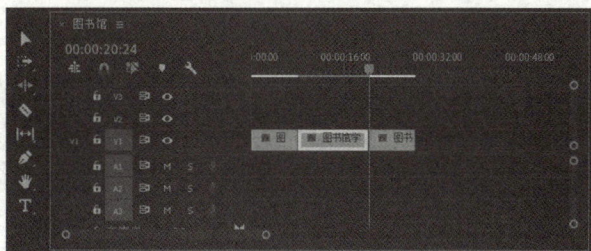

图6-32

04 使用滚动编辑工具。按住【Alt】键，单击【工具】面板中的【波纹编辑工具】按钮，切换到滚动编辑工具，如图6-33所示。将鼠标指针移至"图书馆学习1"的出点和"图书馆学习2"的入点之间，按住鼠标左键左右拖动，即可进行滚动修剪，如图6-34所示。使用滚动编辑工具可以同时修剪一个剪辑的出点（图书馆学习1）和另一个剪辑的入点（图书馆学习2），并保持两个剪辑组合的持续时间不变，且不会对两个剪辑之外的其他剪辑（图书馆学习3）造成影响，如图6-35所示。

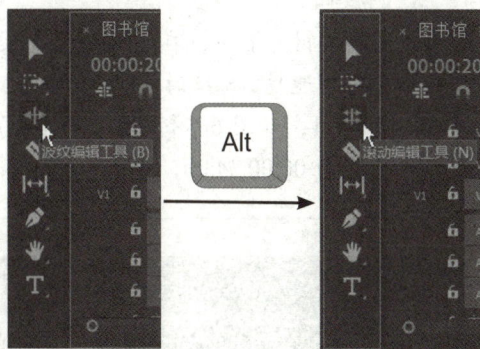

图6-33

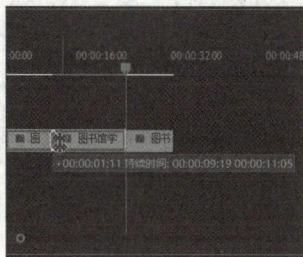

图6-34

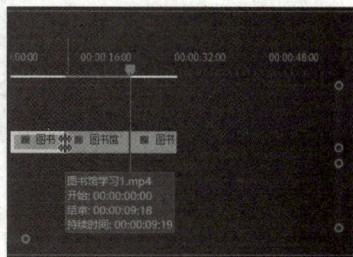

图6-35

6.2.3 视频调速

在进行视频剪辑时，视频创作者经常需要对视频进行调速（加速或减速）处理，主要方法有两种：使用对话框和使用比率拉伸工具。具体操作步骤如下。

1. 使用对话框

`01` 新建项目"快乐郊游"，导入素材"吹泡泡吃水果.mp4"，然后将【项目】面板中的视频素材拖至【时间轴】面板中，如图6-36所示。

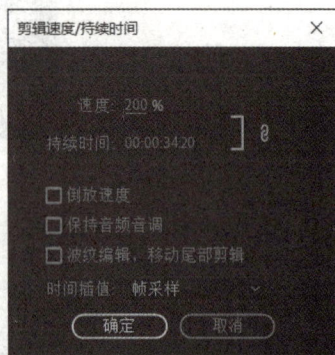

图6-36

`02` 在【时间轴】面板里选中视频素材并右击，在弹出的快捷菜单中选择【速度/持续时间】选项，如图6-37所示。弹出【剪辑速度/持续时间】对话框，【速度】调整框中默认的数值为100，【持续时间】为00:01:09:11，如图6-38所示。将【速度】调整框中的数值调整为200，可以看到视频时长变短了，变为00:00:34:20，单击【确定】按钮，如图6-39所示。

图6-37 图6-38 图6-39

`03` 设置完成后，在【节目】面板中即可预览调速后的视频，如图6-40所示。本案例中视频播放速度提高为原来的2倍。

图 6-40

2. 使用比率拉伸工具

`01` 按住【Alt】键的同时单击【工具】面板中的【波纹编辑工具】按钮，切换到滚动编辑工具，再次按住【Alt】键的同时单击【工具】面板中的【滚动编辑工具】按钮，切换到比率拉伸工具，如图 6-41 所示。

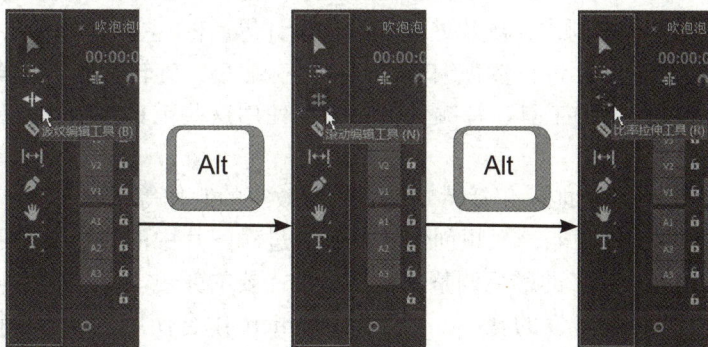

图 6-41

`02` 选中【时间轴】面板中需要调速的素材，将鼠标指针定位到该视频的结尾处，如图 6-42 所示。

`03` 按住鼠标左键左右拖动，向左拖动，视频持续时间变短，可加速播放；向右拖动，视频持续时间变长，可减速播放。图 6-43 所示为向左拖动的效果，该视频时长由"00:00:34:20"变为"00:00:26:06"，加速播放。

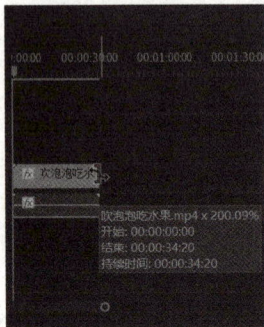 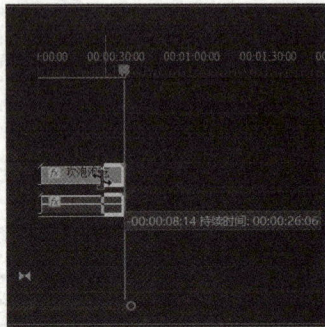

图 6-42   图 6-43

专家提示

使用比率拉伸工具来调整视频播放速度，视频创作者可以随时预览视频调整效果，在不需要设置精确倍数的情况下，该方法十分方便。

6.2.4 剪辑辅助工具

在剪辑视频的过程中，视频创作者不仅需要处理视频素材，有时还需要对图片进行处理，如进行裁剪、美化和拼接等操作，而这些操作都可以利用专业的图片编辑软件来轻松完成，这类图片编辑软件被称为剪辑辅助软件。下面介绍常用的几款剪辑辅助工具。

1. Photoshop

Photoshop（以下简称 PS）是一款专业的图片处理软件，在短视频制作中应用广泛，包括短视频的封面与结尾制作、图片处理和海报设计等。PS 主要有以下几个优点。

① 利用 PS 可以对图片进行多种编辑，如放大、缩小、旋转、倾斜、镜像等。

② PS 提供绘图使用的工具，视频创作者可以使用这些工具将图片素材和原创手绘图片完美融合。

③ PS 提供特效制作功能，包括特效创意和特效字的制作等。

④ PS 提供校色调色功能，视频创作者可以通过对图片中的颜色进行明暗、色偏的调整和校正操作，把图片原来的颜色调整为任何一种需要的颜色。

⑤ PS 是 Adobe 公司开发的软件，可以与 Premiere 配合使用，是短视频剪辑中非常实用的辅助软件。

图 6-44 所示为 PS 的操作界面。

2. PhotoZoom

PhotoZoom 是一款对图片进行放大的软件。这款软件使用了 S-Spline 技术（一种申请过专利的，拥有自动调节、高级的插值算法的技术），可以在放大图片的同时尽可能地提高图片的质量。PhotoZoom 最大的特色是可以对图片进行放大而不会失真。其操作界面如图 6-45 所示。

图 6-44

图 6-45

在剪辑图片素材或设计视频封面时，PhotoZoom 都是非常好用的工具。

3. 美图秀秀

美图秀秀是一款生活、办公都能用到的图片处理软件，功能专业，操作简单。其具有批量处理、图片美化、抠图拼图、消除笔、人像美容、添加文字、贴纸装饰、海报设计等特色功能，支持对短视频制作中使用的图片进行多种操作。其图片编辑界面如图 6-46 所示。

图 6-46

📖 **课堂练习**

对视频"冲茶泡茶.mp4"进行减速处理。

6.3 效果与转场

视频的效果与转场在视频制作中起着至关重要的作用。它们可以帮助视频剪辑人员创造流畅的视觉体验，使观众能够更好地沉浸在视频内容中。

6.3.1 添加视频效果

在剪辑视频时，为了丰富视频的表现形式，视频剪辑人员可以添加视频效果，如放大、模糊等。视频效果位于【效果】面板中，视频剪辑人员在【效果控件】面板中调整参数。下面以为视频添加放大效果为例进行介绍。

`01` 新建项目"山间野花"，导入素材"山间野花.mp4"，然后将【项目】面板中的视频素材拖至【时间轴】面板中，如图6-47所示。

`02` 通过剃刀工具将需要添加放大效果的视频片段截取出来，如图6-48所示。

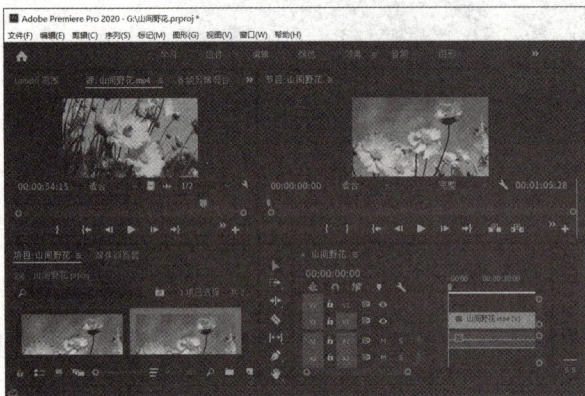

图6-47

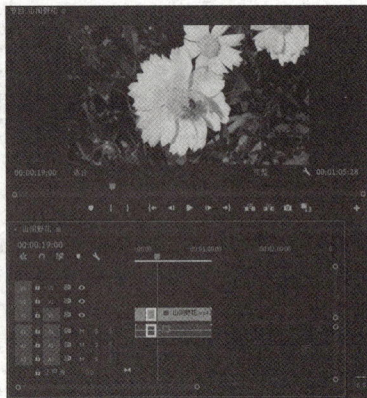

图6-48

`03` 打开【效果】面板，选择【视频效果】→【扭曲】→【放大】选项，按住鼠标左键不放，将其拖到需要应用该效果的位于时间轴的视频片段上，如图6-49所示。

`04` 松开鼠标左键后，在时间轴上将时间指针移动到添加了放大效果的视频片段中，在【节目】面板中就可以看到放大效果，如图6-50所示。

图6-49

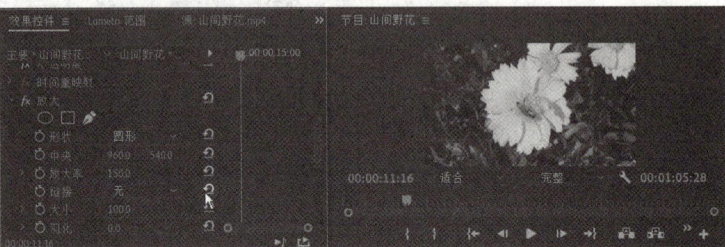

图6-50

05　如果对放大效果的默认位置和大小不满意，还可以通过【效果控件】面板进行调整，如调整放大效果的形状、放大率、大小等，如图 6-51 所示。

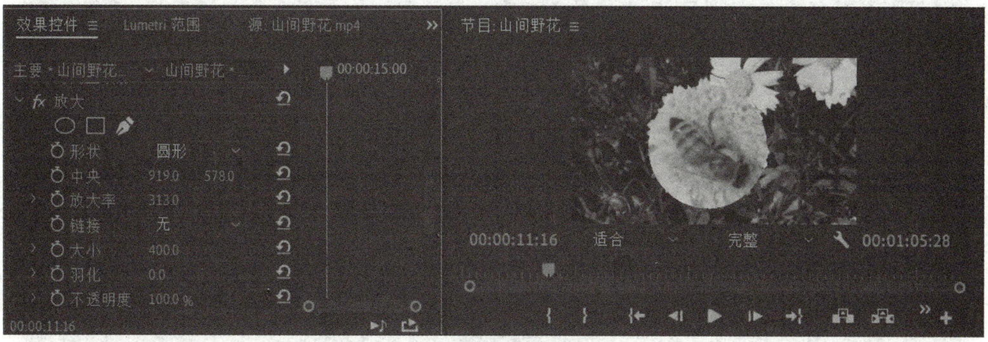

图 6-51

视频剪辑人员使用 Premiere 除了可以为视频局部添加放大效果外，还可以为视频添加关键帧，使视频中的某些片段的整个画面放大，具体操作步骤如下。

01　在【时间轴】面板中，将时间线移动到"00:00:31:11"，在【效果控件】面板中，选中【缩放】左侧的钟表图标，使其显示为蓝色，即可在此处为视频添加一个关键帧，缩放比例保持"100"不变，如图 6-52 所示。

图 6-52

02　将时间线移动到"00:00:34:17"，在【效果控件】面板中，单击【缩放】右侧的【添加/移除关键帧】按钮，使其显示为蓝色，即可在此处为视频再添加一个关键帧，缩放比例调整为"200"，如图 6-53 所示。

03　按照相同的方法，在"00:00:49:20"处添加一个关键帧，缩放比例调整为"100"，如图 6-54 所示。

图 6-53

图 6-54

6.3.2　添加转场效果

视频剪辑人员在进行视频剪辑时，经常需要将多个不同镜头或不同内容的视频拼接在一起，为了使两段视频之间的过渡更加自然，通常需要添加转场。视频转场，也称视频过渡或视频切换，用于在不同的镜头之间形成动画，使镜头之间的切换更具创意。下面介绍添加转场效果的具体操作步骤。

01　新建项目"过年喽"，导入素材"新年1.mp4"～"新年10.mp4"，然后将【项目】面板中的视频素材拖至【时间轴】面板中，如图6-55所示。

图 6-55

02 　切换到【项目】面板中的【效果】面板，展开【视频过渡】选项，选择一种合适的过渡效果。例如，选择【划像】→【圆划像】选项，按住鼠标左键将其拖至【时间轴】面板的两段视频素材的首尾相接处，如图 6-56 所示。

图 6-56

✦ **专家提示**

在 Premiere 中添加视频过渡的时候，需要用两个视频重叠的部分做计算。平时正常剪辑的时候，视频剪辑人员会对视频进行裁切，那么被切掉的部分就可以用于计算。但是如果是两个原始视频，那么在时间轴上面会显示出一个小三角形，说明这两个视频没有重叠部分，也就无法计算。这时候如果添加效果就会出现一个提示框，如图 6-57 所示。此时直接单击【确定】按钮，系统会自动生成几张重复帧用于计算，基本没什么影响。或者视频剪辑人员可以手动裁切交界处，让出几帧，这时候小三角形就会变成半个或者消失，再添加效果就不会出现问题了。

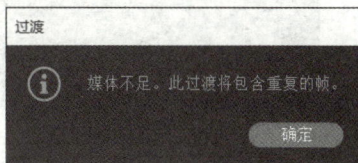

图 6-57

03　按照相同的方法，可以在其他素材片段中间添加过渡效果。

6.3.3　视频调色

如果视频画面出现颜色不均衡、曝光不足或者画面过于暗淡等情况，视频剪辑人员可以使用 Premiere 中的【Lumetri 颜色】面板对视频进行调色。调色一般分为初级调色和二级调色，初级调色就是调节画面中的曝光、对比度、高光和阴影等，二级调色就是对视频的局部进行调色。视频调色的具体操作步骤如下。

01　新建项目"蓝天白云"，导入素材"蓝天白云.mp4"，然后将【项目】面板中的视频素材拖至【时间轴】面板中，如图 6-58 所示。

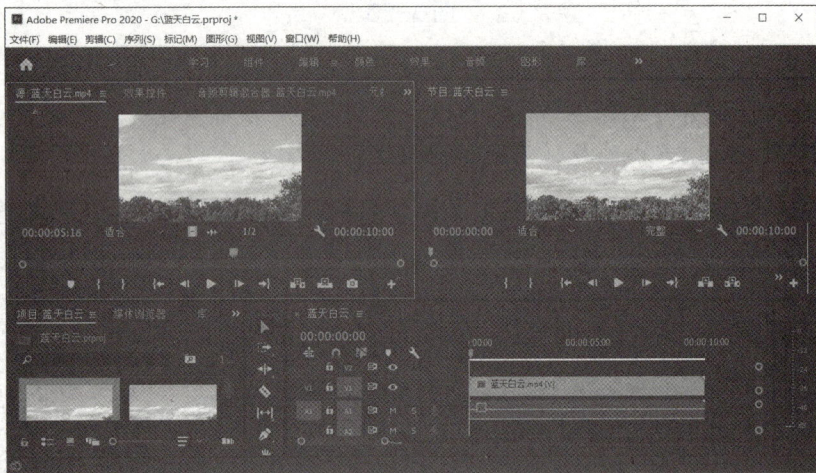

图 6-58

02　单击【项目】面板右下角的【新建项】按钮，在弹出的菜单中选择【调整图层】选项，如图 6-59 所示。弹出【调整图层】对话框，用户可以根据需要调整图层的宽度、高度和时基，单击【确定】按钮，如图 6-60 所示。

图 6-59

图 6-60

03　新建调整图层，如图 6-61 所示。将调整图层拖至 V2 轨道，调至与视频素材同样的长度，如图 6-62 所示。这样即可在调整图层上对视频进行调色，而不会影响原视频。

图 6-61

图 6-62

04 在 Premiere 界面上方选择【颜色】选项，切换到【颜色】工作区，界面右边就会显示【Lumetri 颜色】面板。接下来便可以通过【基本校正】中的【白平衡】、【色调】、【饱和度】对视频进行调色，此处，将对比度调整为"35"，将饱和度调整为"150"，如图 6-63 所示。

图 6-63

05 选择【源】面板中的【Lumetri 范围】面板，系统默认对当前视频画面亮度和色彩的分析显示为波形 RGB，如图 6-64 所示，波形 RGB 是一种用于分析视频色彩的技术，它通过观察 RGB 分量波形的对齐情况，帮助用户发现画面的偏色情况，进而帮助用户准确地评估剪辑效果，进行色彩校正。需要注意的是，波形范围为 0 ～ 100，波形超过 100 会造成视频画面过亮，波形低于 0 会造成视频画面过暗。

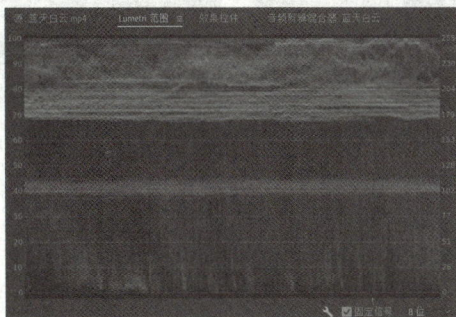

图 6-64

06 单击【Lumetri 范围】面板下方的【设置】按钮或在【Lumetri 范围】面板的任意位置右击，在弹出的快捷菜单中选择【分量（RGB）】选项，如图 6-65 所示，即可显示红色、绿色、蓝色 3 个颜色通道，如图 6-66 所示。

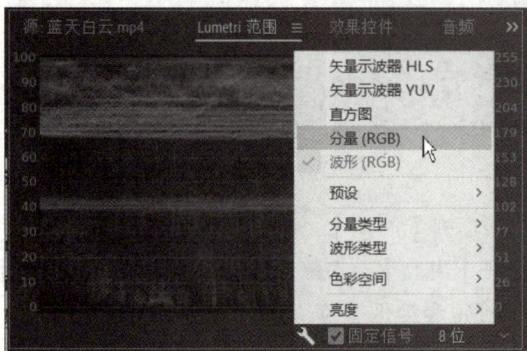

图 6-65

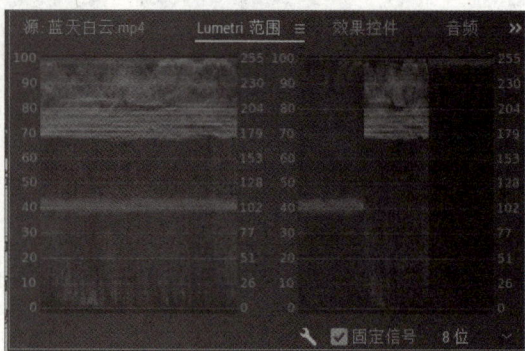

图 6-66

07 若要进一步对视频进行调色，可以选择【Lumetri 颜色】面板中的【曲线】、【色轮和匹配】、【HSL 辅助】、【晕影】选项，如图 6-67 所示。

08 展开【RGB 曲线】选项，单击曲线添加锚点，调整画面的亮度和色彩范围，并且可以分别调整 RGB 各个通道的曲线，如图 6-68 所示。按住【Ctrl】键的同时单击锚点可以将其删除。

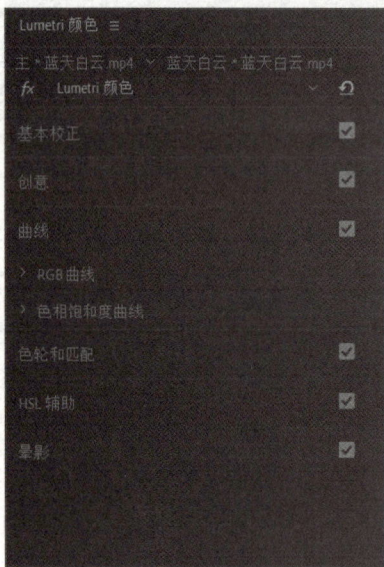

图 6-67

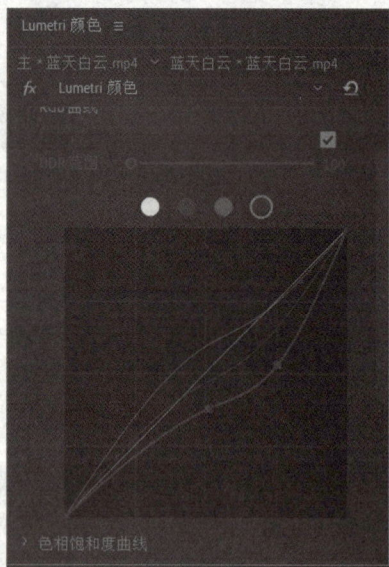

图 6-68

09 展开【色相饱和度曲线】选项，根据需要调整色相与饱和度、色相与色相、色相与亮度、亮度与饱和度、饱和度与饱和度，如图 6-69 所示。

10 展开【色轮和匹配】选项，调整阴影、中间调和高光，如图 6-70 所示。展开【HSL 辅助】选项和【晕影】选项，可以根据需要对视频进行调色，如图 6-71、图 6-72 所示。

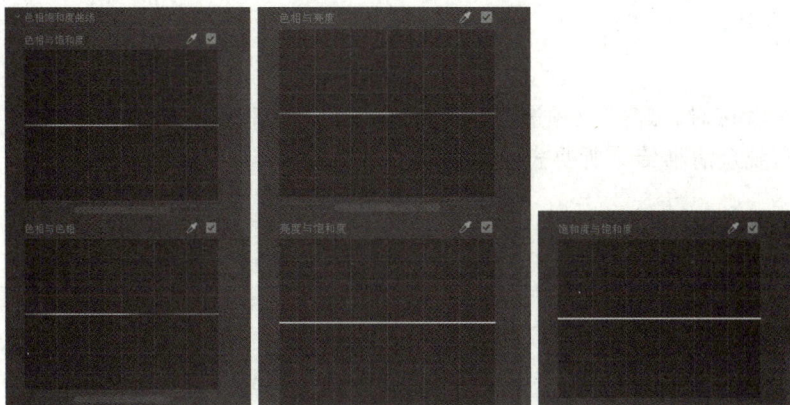

图 6-69

图 6-70　　　　　　图 6-71　　　　　　图 6-72

✏️📓 **课堂练习**

为视频"美味小龙虾 .mp4"调色。

6.4 编辑字幕

视频创作者在对新媒体视频进行后期编辑时，很多时候需要为视频添加字幕，以向观众清晰传达所要表述的信息。

6.4.1 添加字幕

视频创作者使用 Premiere 中的文字工具可以很方便地在视频中添加字幕，并设置字幕的格式，而且可以为字幕制作开场和结尾动画，具体操作方法如下。

01 新建项目"青椒炒虾"，导入素材"青椒炒虾.mp4"，然后将【项目】面板中的视频素材拖至【时间轴】面板中，如图 6-73 所示。

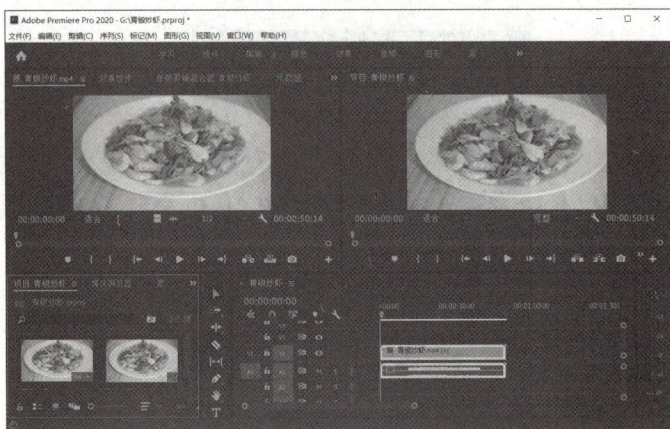

图 6-73

02 在【时间轴】面板中将时间线定位到要添加字幕的位置，单击【工具】面板中的【文字工具】按钮，然后在【节目】面板中需要添加字幕的位置单击，输入文字"青椒炒虾"，如图 6-74 所示。视频创作者可以根据需要调整【时间轴】面板中字幕条的长度。

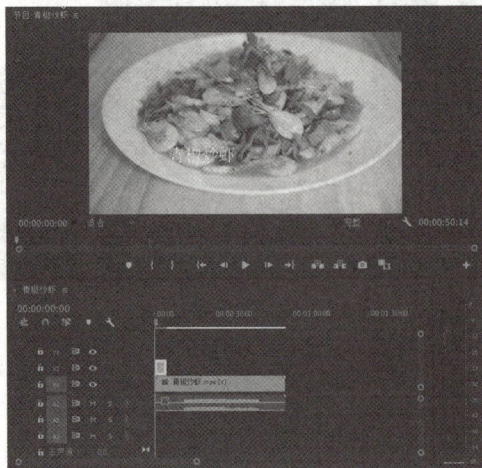

图 6-74

6.4.2 设置字幕效果

`01` 在【时间轴】面板中选中字幕条，打开【效果控件】面板，设置字幕的字体样式、大小、对齐方式、字距、填充色、描边颜色及描边宽度。设置完成后，单击【工具】面板中的【选择工具】按钮，可以将字幕移动到视频画面的合适位置，如图 6-75 所示。

图 6-75

`02` 对于视频中的字幕，除了可以进行这些基本设置外，还可以为其设置动画。切换到【项目】面板中的【效果】面板，展开【视频效果】选项，选择一种合适的效果。例如，选择【变换】→【裁剪】选项，按住鼠标左键将其拖至【时间轴】面板的字幕条上，如图 6-76 所示。

图 6-76

03 此时，在【源】面板中的【效果控件】面板会出现【裁剪】效果，如图 6-77 所示。在【裁剪】效果中设置【羽化边缘】为 50，启用【右侧】动画，添加两个关键帧，设置【右侧】参数分别为 100.0%、0.0%，如图 6-78 所示。

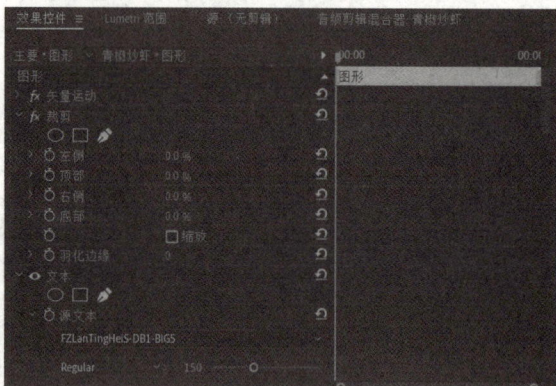

图 6-77

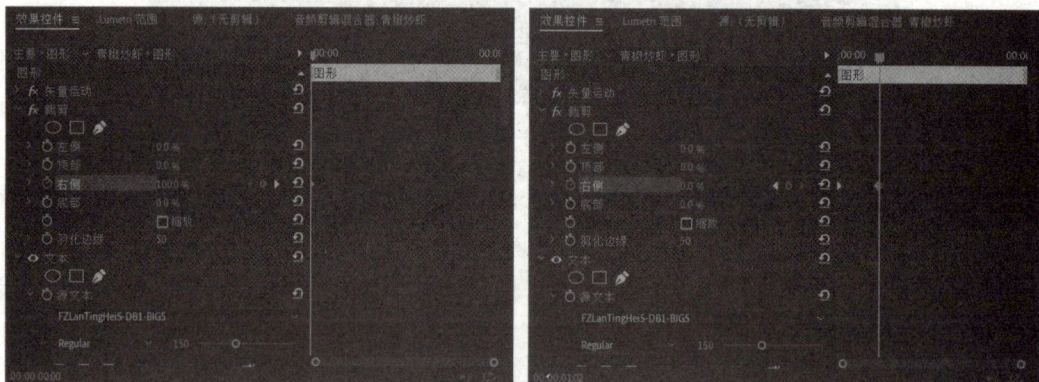

图 6-78

04 将时间线往右移动到合适的位置，启用【左侧】动画，添加两个关键帧，设置【左侧】参数分别为 0.0%、100.0%，如图 6-79 所示。

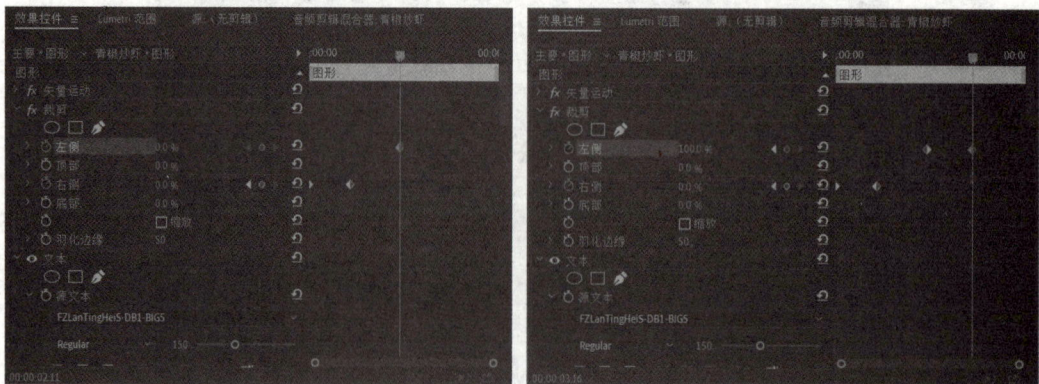

图 6-79

05 设置完成后，在【节目】面板中播放视频，即可预览字幕出现和消失的动画，如图 6-80、图 6-81 所示。

图 6-80

图 6-81

课堂练习

为视频"大盘鸡 .mp4"添加动态字幕。

6.5　编辑音频

声音是新媒体视频中不可或缺的一部分，在编辑新媒体视频时，视频创作者要根据画面表现的需要，通过添加背景音乐、音效等手段来增强新媒体视频的表现力。

Premiere 提供了强大的音频编辑工具，利用它可以在新媒体视频中添加音频。

扫一扫

6.5.1　添加音频

01 新建项目"蝴蝶"，导入素材"蝴蝶 .mp4"，然后将【项目】面板中的视频素材拖至【时间轴】面板中，如图 6-82 所示。

02 拍摄的视频通常会带有一些背景声音，视频创作者可以根据需要将背景声音删除，仅保留视频。选中素材并右击，在弹出的快捷菜单中选择【取消链接】选项，如图 6-83 所示，然后选中音频，按【Delete】键即可删除，如图 6-84 所示。

03 在【项目】面板的空白处右击，在弹出的快捷菜单中选择【导入】选项，如图 6-85 所示。打开【导入】对话框，选择"BGM1.mp3"，如图 6-86 所示，单击【打开】按钮。

04 将音频文件"BGM1.mp3"导入【项目】面板中，然后将【项目】面板中的"BGM1.mp3"拖至【时间轴】面板的 A1 轨道中，如图 6-87 所示。

05 插入音频之后，视频创作者可以看到音频和视频的长度不一致，音频比视频长，此时可以通过按住鼠标左键拖动的方式，使音频与视频对齐，如图 6-88 所示。视频创作者也可以用剃刀工具将多余的音频剪掉。

图 6-82

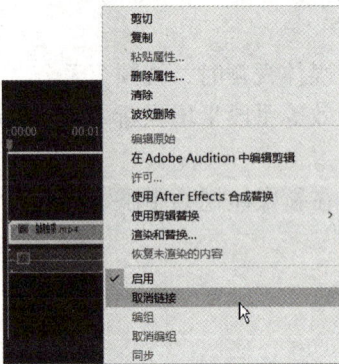

图 6-83

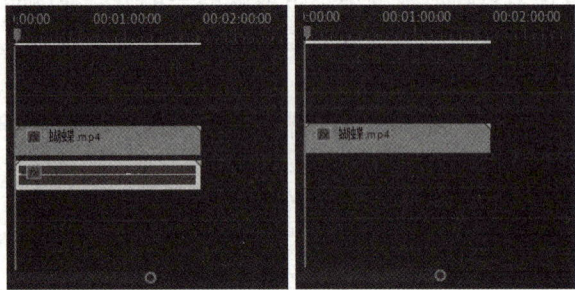

图 6-84

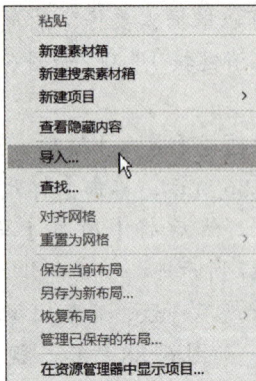

图 6-85

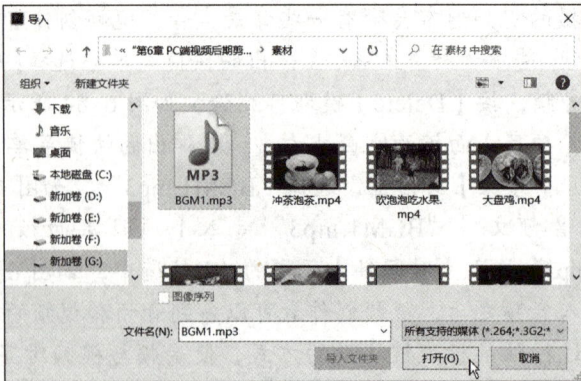

图 6-86

图 6-87

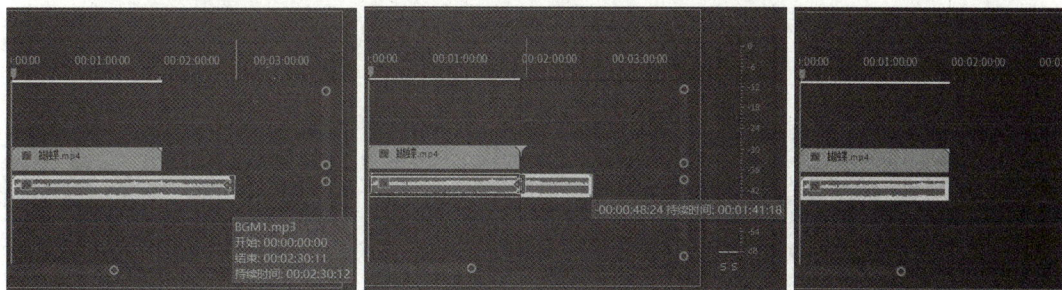

图 6-88

06 为了方便对音频进行处理，滑动音频轨道右侧的滚动条，拉宽 A1 轨道，然后单击轨道左上方的【时间轴显示】按钮，在弹出的菜单中选择【显示音频关键帧】选项，如图 6-89 所示。

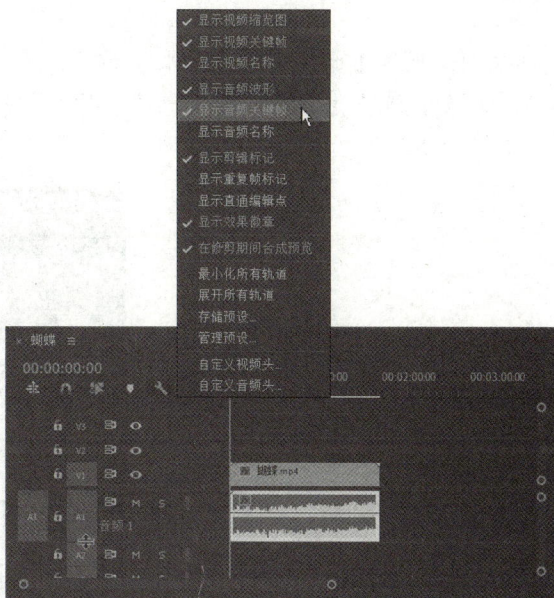

图 6-89

07 此时，音频素材中间有一条线，即音量级别关键帧线。拖动它即可调整音频的音量，往上拖动可调大音量，往下拖动可调小音量，如图 6-90 所示。

图 6-90

08 按住【Ctrl】键的同时，单击音量级别关键帧线，即可添加关键帧。视频创作者可以通过添加多个关键帧，并调整关键帧的位置，来调整某段音频的音量，如图 6-91 所示。

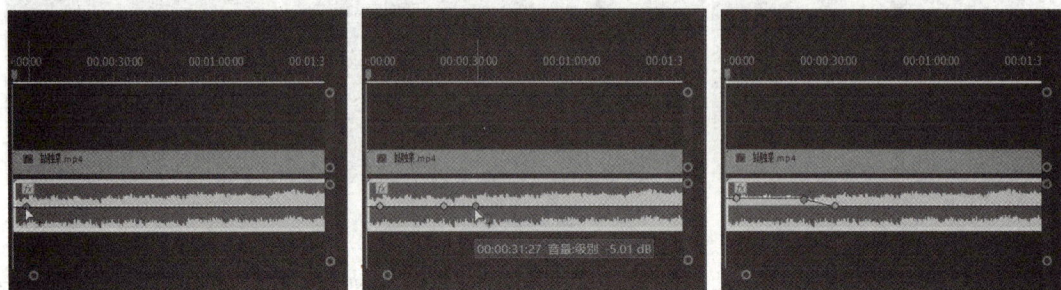

图 6-91

6.5.2 设置音频效果

01 选中音频素材，切换到【项目】面板中的【效果】面板，展开【音频效果】选项，选择一种合适的音频效果。例如，选择【模拟延迟】选项，按住鼠标左键将其拖至【时间轴】面板的音频轨道上，如图 6-92 所示。

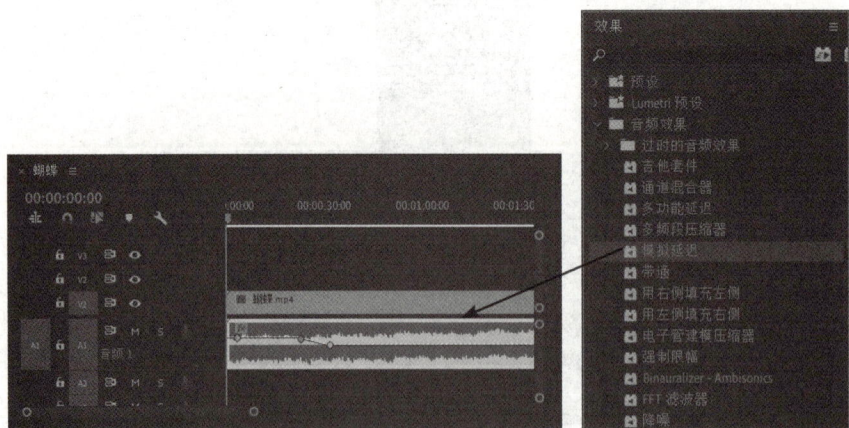

图 6-92

02 此时，在【源】面板中的【效果控件】面板中可以看到添加的模拟延迟效果，单击【编辑】按钮，如图 6-93 所示。

03　在弹出的【剪辑效果编辑器】对话框中的【预设】下拉列表中选择所需的模拟延迟效果，然后进行自定义设置，如图 6-94 所示。

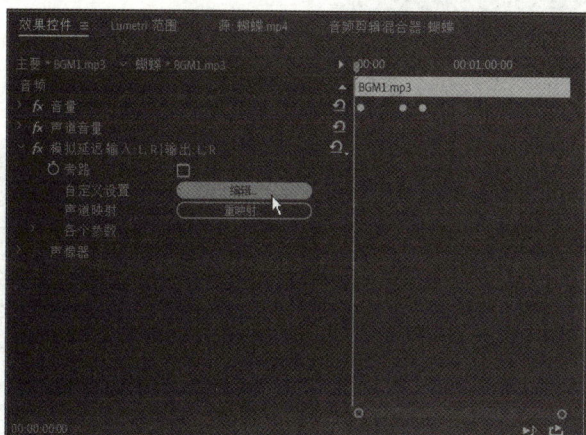

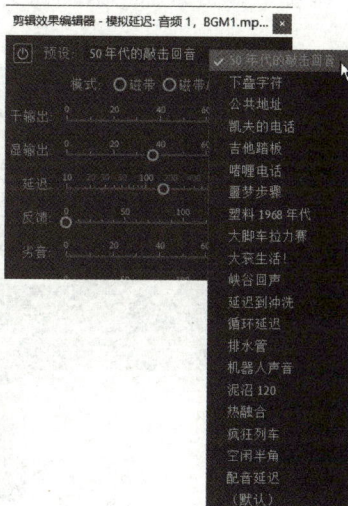

图 6-93　　　　　　　　　　　　　　　　　图 6-94

04　若要将修改的音频单独导出，只需在要导出的音频素材处右击，在弹出的快捷菜单中选择【渲染和替换】选项，如图 6-95 所示。在【项目】面板中即可看到导出的音频文件，如图 6-96 所示。

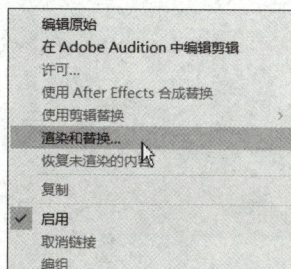

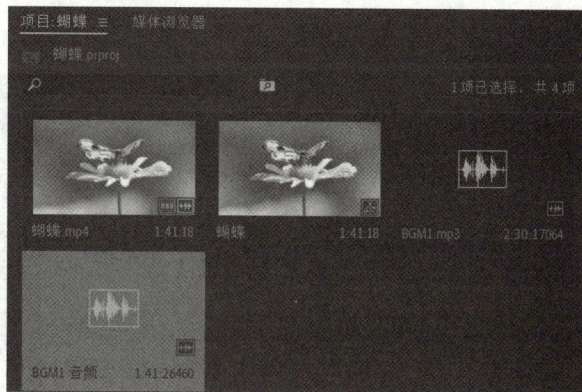

图 6-95　　　　　　　　　　　　　　　　　图 6-96

6.6　导出视频文件

扫一扫

在 Premiere 中完成视频剪辑操作后，视频创作者就可以导出视频文件了。在导出前，可以设置视频的格式、比特率、文件名、保存位置等参数，具体操作方法如下。

01　打开项目文件"蝴蝶"，在【时间轴】面板中选择要导出的序列，单击"文件"菜单，在菜单中选择【导出】→【媒体】选项，或直接按【Ctrl+M】组合键，如图 6-97

所示。

02 打开【导出设置】对话框，在【格式】下拉列表中选择【H.264】选项（即 MP4 格式），单击【输出名称】右侧的文件名链接，如图 6-98 所示。

图 6-97

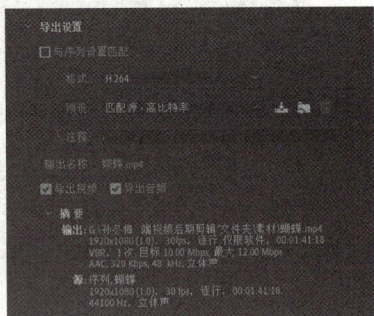

图 6-98

03 弹出【另存为】对话框，选择保存位置，在【文件名】文本框中输入文件名，单击【保存】按钮，如图 6-99 所示。

04 返回【导出设置】对话框，选择【视频】选项，调整目标比特率和最大比特率，设置完成后，单击【导出】按钮，如图 6-100 所示，即可导出视频。

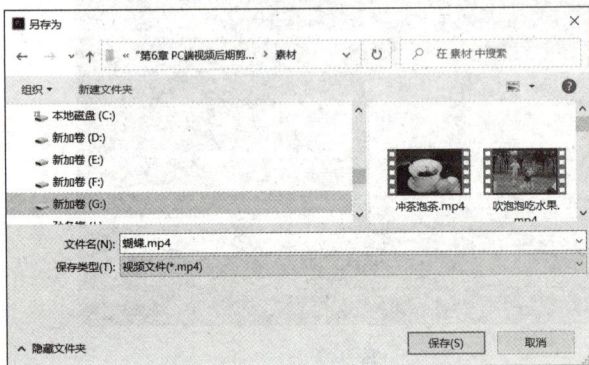

图 6-99

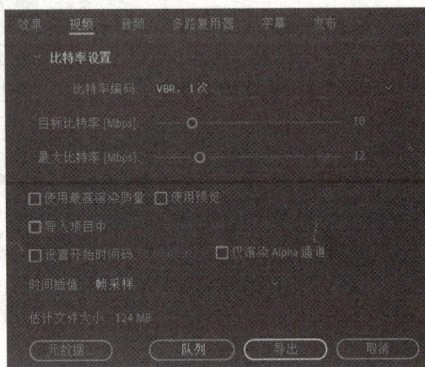

图 6-100

课堂练习

将视频"向日葵 .mp4"导出为 MP4 文件。

章节实训

使用 Premiere 剪辑"篮球场，再见"视频并导出为 MP4 文件。

【实训目标】

熟练使用 Premiere 进行视频剪辑。

【实训思路】

1．打开 Premiere 新建项目，导入素材。

2．创建序列，然后将素材依次添加到【时间轴】面板。

3．选中视频素材，调整其长度、播放速度等。

4．为视频添加转场效果。

5．添加背景音乐，导出视频。

思考与练习

一、填空题

1．Premiere 的剪辑轨道分为 _____ 和 _____。

2．在 Premiere 中可以使用 _____ 工具将视频分割成多段。

3．使用 Premiere 为视频局部添加放大效果，可以选择【效果】面板中的【效果控件】→ _____ → _____ → _____ 选项。

二、单项选择题

1．Premiere 中可以给视频调速的工具是（　　　）。

    A．比率拉伸工具　　　　　　　　B．波纹编辑工具

    C．滚动编辑工具　　　　　　　　D．剃刀工具

2．在 Premiere 的【导出设置】对话框中选择 H.264 格式可以导出的文件类型是（　　　）。

    A．MP3　　　　　　B．MP4　　　　　　C．MOV　　　　　　D．FLV

3．为了使两段视频之间的过渡更加自然，通常需要添加（　　　）。

    A．音频效果　　　　B．音频过渡　　　　C．视频效果　　　　D．视频过渡

三、判断题

1．Premiere 标题栏显示 Premiere 的版本以及项目文件的名称。（　　　）

2．Premiere 的【项目】面板主要用于导入、存放和管理剪辑素材。（　　　）

3．视频效果用于在不同的镜头之间形成动画，即镜头之间的切换。（　　　）

四、问答题

1．请描述你对 Premiere 的关键帧的理解。

2．简述 Premiere 的波纹编辑工具与滚动编辑工具的区别。

3．简述 Premiere 中创建序列的两种方法。

五、技能实训

1．根据提供的素材文件"公园散步"，在 Premiere 中分别使用对话框和比率拉伸工具调整视频播放速度。

2．利用提供的素材文件"小龙虾"，使用 Premiere 剪辑制作小龙虾的视频。

第7章
新媒体视频的发布与运营

学习目标

√ 掌握移动端视频的发布和推广
√ 掌握移动端视频运营分析和报告输出的技能
√ 掌握 PC 端视频的发布和引流
√ 掌握 PC 端视频运营分析和报告输出的技能

课前思考

抖音自 2016 年 9 月上线至今,已经成为传递积极生活理念,连接全民情感的重要通道。

2023 年抖音热点视频涉及社会事件、时政事件与娱乐话题等多个领域,所产生的信息与用户生活息息相关,不仅给用户提供社会与娱乐资讯等,也为用户提供切实需要的日常生活资讯。用户在热点视频中分享了喜怒哀乐,也为大家带来了快乐与美好。另外,在抖音的青少年模式下,孩子们也在用自己的视角关注热点,探索世界,了解世界。短视频这种介质带来的信息量比文字大得多,能够帮助大家更好地发现、记录和分享生活中的美好。

思考题:

1. 你发布过短视频吗?你发布过哪些内容的短视频?
2. 你主要在哪个或哪些平台发布短视频?你选择该平台的原因是什么?

7.1 移动端视频的发布与运营

随着移动设备和移动互联网的普及,移动端视频的发布与运营变得越来越重要。本节将对移动端视频的发布、推广及运营分析与报告输出等进行详细介绍。

7.1.1 移动端视频的发布

视频创作者在移动端发布视频,首先需要有一款具备该功能的应用程序,如抖音、快手、微信视频号等。下面以抖音为例,介绍移动端视频的发布。

扫一扫

01　打开抖音，点击界面下方的⊕按钮，如图 7-1 所示。进入视频拍摄界面，点击【相册】按钮，如图 7-2 所示。

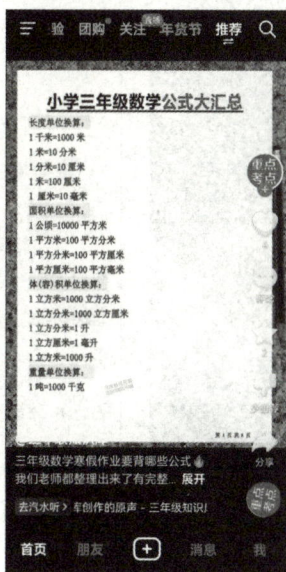

图 7-1　　　　　　　　　　图 7-2

02　打开【所有照片】界面，如图 7-3 所示。选择需要发布的视频，然后点击【下一步】按钮，返回视频界面。点击【选择音乐】按钮，如图 7-4 所示，进入音乐选择界面，如图 7-5 所示。选择一首合适的背景音乐，如果视频中已经有背景音乐，这里选择背景音乐只是为了引流，那么可以将添加的背景音乐的声音调小，点击【音量】按钮即可调整音量。

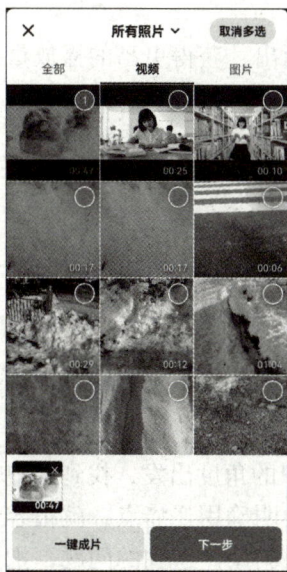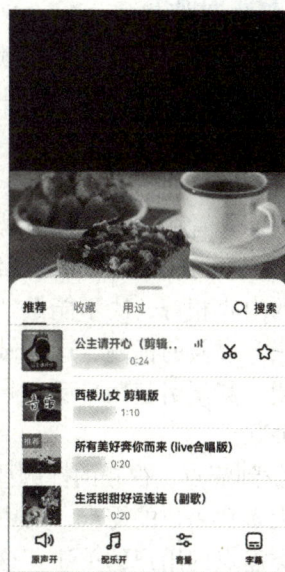

图 7-3　　　　　　　　图 7-4　　　　　　　　图 7-5

03 打开【音量】调节界面，如图7-6所示。选中【配乐】并向下滑动，即可将添加的背景音乐的音量降低，调节完毕，点击【返回】按钮，返回视频界面，点击【下一步】按钮，如图7-7所示，进入视频发布界面，如图7-8所示。

 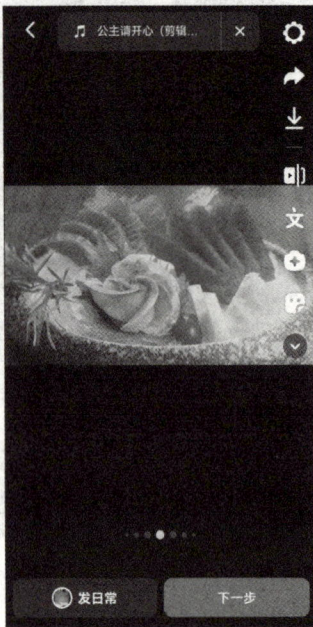 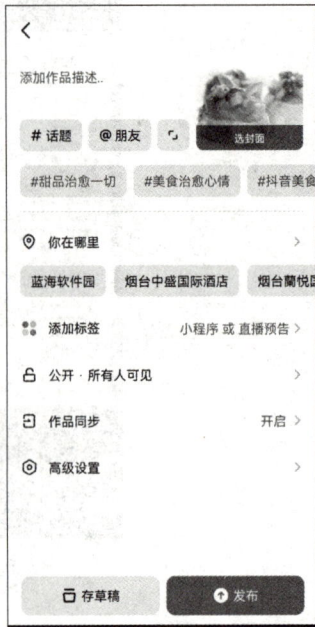

图7-6   图7-7   图7-8

通过图7-8可以看出，视频在发布前，视频创作者还需要设置标题、封面、标签、定位等一系列信息。这些信息也是与视频的播放量息息相关的，怎样设置才能使视频获得更高的播放量呢？

1. 标题的创作

视频创作者想要新媒体视频作品在海量的视频中脱颖而出，获得更高的播放量，标题至关重要。标题是吸引用户关注、让用户快速了解视频内容的重要途径。即使是同一个视频，也会因为设置的标题不同，而获得完全不同的播放量。

（1）标题创作的三大准则

视频创作者在创作视频标题时，可以遵循以下三大准则。

① 内容真实。视频标题创作的第一大准则就是内容真实，也就是标题的内容一定要与视频的内容相符，决不能做"标题党"。很多视频创作者为了吸引用户、增加点击量，使用夸张、虚假的标题，这种做法是万万不可取的，这样做不但不能留住用户，反而会让用户失望，甚至引起用户反感。因此，视频创作者在创作标题时一定要保证标题与视频的内容相关联。

② 找到痛点。视频的标题要想吸引用户，一定要从用户的角度出发，找到用户需求，最好是大多数用户的需求，切中用户痛点。在视频的标题中明确用户痛点，就很容易吸引具有同类痛点的用户的关注。这就需要视频创作者平时多收集用户遇到的问题，把这些问题罗列出来，然后提炼出相关的词语，运用到标题的创作中。

③ 解决痛点。要想吸引用户点开并观看视频，视频创作者还需要给出解决痛点的方法。通过通俗易懂的语言描述出痛点及解决方法，有助于吸引用户。例如，"饭店太贵？在家 20 元做一顿丰盛晚餐！"用少量时间或者少量金钱，就可以换来比较不错的回报，即使人们不会去做，也会好奇 20 元究竟能做出什么样的晚餐，好奇心就会促使他们点进去观看视频。

（2）标题创作的八大秘诀

文案的标题会直接影响视频的点击率。一个好的标题能够扩大视频的传播范围，使视频更容易获得平台的推荐，而不好的标题可能会埋没一个优秀的视频。下面介绍如何打造一个吸引人的视频标题。

① 提取关键词。目前大多数新媒体视频平台都采用了算法机制，可以更精准地找到用户痛点。例如，抖音的推荐机制是"机器审核 + 人工审核"，标题首先会经过机器审核，然后才是人工审核。因此在写标题的时候，视频创作者需要根据定位的领域，多添加一些行业常见、高流量的关键词。例如，定位是办公软件培训领域的账号，可以多在标题中添加办公、知识、不加班等关键词。平时，视频创作者也需有意识地搜集一些相关领域的关键词，并将其添加到标题中，以便新媒体视频被更加精准地推荐给对该领域感兴趣的用户，进而增加播放量。

② 确定标题句式。在创作新媒体视频的标题时，视频创作者需要根据用户的需要和视频内容的特点来确定合适的标题句式，并注意标题的正确性和真实性。同时，视频创作者还需要在标题中加入一些吸引用户的元素，以提高视频的点击率和播放量。常用的标题句式有 4 种：一是直接叙述：这种方式可以直接表达视频的主题，让用户一眼就能看出视频的内容。例如，"如何制作牛排？"；二是疑问句式：通过提出一个问题来吸引用户的注意力，让他们想要了解答案。例如，"你会做牛排吗？"；三是感叹句式：通过表达强烈的情感来吸引用户的注意力。例如，"这个牛排太好吃了！"；四是对比句式：通过对比两种不同的事物来突出视频的主题。例如，"自制牛排 vs 外卖牛排，哪个更好吃？"

③ 使用第二人称。若想让用户产生代入感，引起共鸣，视频创作者在创作标题时可以多使用第二人称。例如，技能学习类的标题可以是"3 秒让你从 Excel 新手到高手"，励志、正能量类的标题可以是"别担心，你值得这世间所有的美好！"。尽管新媒体视频是呈现给所有用户看的，但使用第二人称可以给用户一种量身定制的感觉，让用户产生强烈的代入感。视频创作者还可以在标题中指明某一特定群体，让该类用户群体看到后产生代入感。例如，"愿每个在异乡工作的人，都能被温柔以待"。

④ 利用数字和数据。在标题中使用数字会让新媒体视频内容更加直观，如"不想加班，这 3 个技能一定要学会！""可乐鸡翅怎么做才好吃？3 个小技巧让你做出美味鸡翅"。视频创作者在标题中对出现的问题提出 3 种解决方法，会使内容更加突出、明确，建议使用阿拉伯数字。另外，视频创作者还可以通过具体的数字对新媒体视频内容进行数据化描述，如"2022 年，这批奶粉的质检合格率竟高达 100％！"。有奶粉购买需求的用户在看到这个标题时，可能就会被"100％"这个数据吸引，想要知道到底是哪种奶粉，从而继续浏览视频内容。

⑤ 添加热点词汇。热点事件是大众比较关注的，一旦发生热点事件，大家都会想要

先了解，进行搜索观看。如果选题内容与热点事件相关，视频创作者就可以尽量在视频的标题中体现。需要注意的是，热点词汇并不能随便使用，要与自身账号的定位一致。例如，技能类账号的标题一般不宜出现娱乐热词，否则标题不仅与账号定位不符，还会产生反作用，使原有粉丝产生不良情绪。

⑥ 引起好奇心。好奇是人类的天性，如果标题能够成功地引起用户的好奇心，那么用户点击观看视频的欲望也会被激发。

首先，标题可以设置悬念，引起用户的好奇。例如，"看到最后一个动作笑得嘴都酸了""一定要看到最后"等。看到这样的标题，用户通常都会好奇最后到底有什么，从而看完整个视频。这样可以延长用户的视频页面停留时间，视频完播率更高。其次，视频创作者在创作标题时可以通过前后冲突，形成对比，让用户产生好奇心。例如，"没回家时妈妈的态度 VS. 回家后妈妈的态度""甜豆腐脑 VS. 咸豆腐脑，到底哪个更好吃？"等。最后，视频创作者在创作标题时还可以通过制造悬念来设计标题，引起用户好奇，引导用户看到最后。例如，"想成为短视频剪辑专业人士，第一步是……"。

⑦ 引起互动。视频创作者想要让标题引起用户互动，让用户转发、评论，最好的办法之一就是采用疑问句，让用户主动留下自己的答案。例如，"有了钱之后你最想做什么？""你还想知道什么？评论区告诉我"等标题，用户看到这种开放性问题就想回答、进行互动，从而使视频的评论量增加，扩大视频的传播范围。

⑧ 干货输出。视频创作者在标题里直接点明视频能给用户带来什么价值、用户可以获得哪些收获，也有利于视频的传播。这种收获可以是精神上的愉悦，也可以是某一方面技能的提升，以此吸引具有需求的用户观看视频。例如，"不会用Photoshop修急用证件照？教你快速搞定换色模板""做销售如何留住客户？记住这几条就够了！"等。

2. 视频封面的制作

视频封面常常被大家忽视，其实它对吸引流量有非常重要的作用。视频的封面会给用户留下第一印象，特别是在个人主页里。一个好的封面，往往能让用户了解视频的亮点，从而吸引用户点击观看，进而增加视频的播放量，扩大影响力，带来更多的流量。有时候，一个爆款视频能吸引很大一部分用户来到视频创作者的个人主页，这时候封面的重要性不言而喻，甚至可能会提高以前视频的播放量，所以视频的封面设计非常重要。下面介绍视频封面的形式和要求。

（1）封面的形式

视频的封面是显而易见的个性、风格的体现，因此，在进行视频的封面设计时，视频创作者需要展示自己独特的风格，这样才能吸引用户关注。

① 视频内容截图。直接从视频中截取一个画面作为封面，是很多视频创作者使用的方法，这样不仅可以保证封面和内容相关，而且操作方便快速。若是个人账号，视频创作者还可以直接从视频中截取人物形象作为封面。为了让用户直观地区分每个视频，视频创作者也可以在封面中添加文字，展现视频的关键点，如图7-9所示。

② 使用固定、统一的模板。视频创作者可以结合自己视频的内容定位，设计一套固定、统一的封面模板，加上 Logo 或标志性的元素。这样设计封面会使视频的风格统一，而且固定的账号形象会给用户留下深刻的印象。需要注意的是，如果同一账号内有不同系列的

内容,视频创作者可以不用让所有视频的风格统一,做到系列视频风格统一即可,如图 7-10 所示。

③ 给视频封面添加流行元素。结合视频内容,视频创作者可以在封面中添加一些流行元素,如添加表情包、流行语等,使视频封面充满趣味性,如图 7-11 所示。但是视频封面不要过度使用这些流行元素,否则会造成用户审美疲劳。

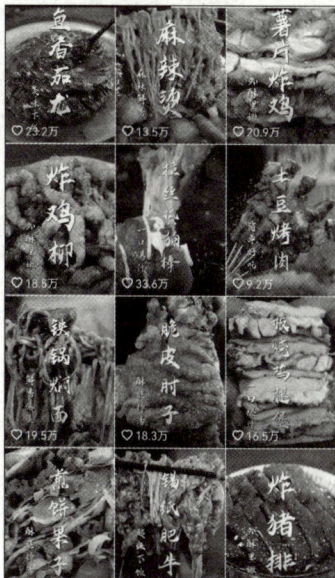

图 7-9

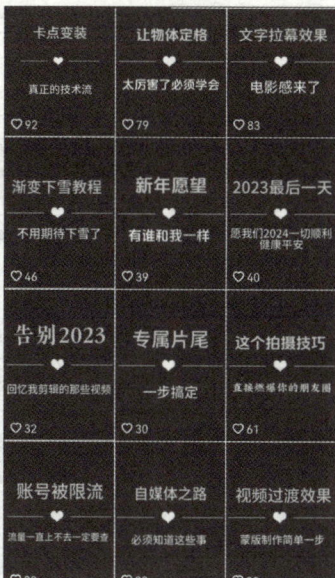

图 7-10

图 7-11

（2）封面的要求

一个好的封面能够吸引更多的用户,视频创作者在设计封面时需要注意以下几点。

① 封面要与视频内容相关。视频创作者在为视频设置封面时,封面一定要与视频的内容保持一致,要将视频中的亮点展示出来,让用户了解视频的内容,并吸引其观看。如果用户点击观看视频,发现封面与视频内容不相关,可能会产生厌恶心理,不但不会关注账号,甚至可能会举报账号。

② 封面具有原创性。各大视频平台都在支持原创作品,封面作为视频作品的一部分,也应具有原创属性。因此视频创作者在创作视频封面的时候,也要保持原创,形成自己独特的风格。这样更容易得到用户的喜爱,吸引用户的关注。

③ 封面图片要清晰。封面可以说是视频的门面,清晰、完整是其第一属性,切忌模糊不清,否则会严重影响用户的观看感受。封面的比例也要合理、美观,切忌存在拉伸变形。另外,视频创作者可以通过调整图片的清晰度、亮度和饱和度等要素,有效优化用户的观看体验。

④ 封面构图要严谨。封面构图要层次分明、重点突出,将封面的主体放置于焦点位置,以便用户能够迅速抓住重点。严谨的构图也有助于增强封面的美感。

⑤ 封面文字要选对。如果封面有文字,要把文字放在最佳展示区域,不要被标题、播放按钮等元素挡住。字数要尽量少一些,否则会影响封面美感,也会增加用户的阅读时

间，影响观看体验。字体大小在不影响美观的情况下，可以尽量大些，这样文字简单直白，更有冲击力。

对于不同类型的视频，视频创作者需要设计不同的封面文字造型，以贴合视频的风格。例如，技巧类视频封面中的文字应该选择较为常规的字体，不宜过多修饰，且摆放位置最好固定，如图 7-12 所示。

对于非技巧类的视频，视频创作者可以根据视频的风格设置不同的封面文字样式。例如，对于可爱风、萌宠系列的视频封面图，视频创作者可以设计较为俏皮的字体，并适当添加装饰物，如图 7-13 所示。

图 7-12

图 7-13

⑥ 封面禁止出现违规内容。封面不能出现暴力、惊悚、色情、低俗等内容，不能含有二维码、微信号等推广信息。如有违规就不会获得视频平台的推荐，甚至会被处罚。

3. 视频发布时间的选择

很多视频创作者在发布了一些视频作品后，经常会遇到这样的情况，明明是差不多的内容，可是有的作品播放量很高，甚至能上热门，有的作品播放量就很低。出现这样的情况，一个主要的原因是视频的发布时间没有选好，错过了自己粉丝的活跃时间。因此，视频发布时间的选择对视频发布效果是至关重要的。

关于视频的发布时间，通常可以总结为"四点两天"。四点是指周一至周五的"7点—9点""12点—14点""17点—19点""21点—23点"4个时间点，两天是指"周六、周日"。

（1）7点—9点：清晨起床期或通勤期

这个时间大多数人刚睡醒，刷一刷视频，醒醒神；或者这个时间大多数人正在上班或上学途中，可以刷一刷视频。在清晨人们精神焕发，视频创作者适合发布早餐类、励志类、健身类视频。

（2）12 点—14 点：午间休息期

在这个时间段大家一般吃午餐和午休，大部分人都会看看手机。忙了一上午，终于可以停下来歇一歇，看看喜欢的视频创作者有没有更新，浏览自己喜欢的内容。视频创作者在午间休息期适合发布剧情类、吐槽类、搞笑类视频，使用户在工作和学习之余能够缓解压力、得到放松。

（3）17 点—19 点：下班高峰期

这个时间段适合发布各类视频，在忙碌了一天之后，人们通常会刷刷视频放松一下。所有类型的视频都可以在这一时间段内发布，尤其是创意剪辑类。

（4）21 点—23 点：睡前休闲期

这个时间段观看短视频的用户数量是最多的，因此，同样适合发布任何类型的短视频，尤其是情感类、励志类、美食类的内容，这类内容的流量会更高，相应的评论量和转发量也较高。

（5）周六、周日

周六、周日几乎是完全属于个人的时间，人们可以随时随地拿出手机刷视频。因此，周六、周日两天的任何时间段都是流量高峰期，也适合发布任何类型的视频。

"四点两天"，可以说几乎囊括了主流用户观看短视频的峰值区间，是公认的视频黄金发布时间。在视频黄金发布时间发布的视频比较容易上热门。

视频创作者可以根据这几个时间段去测试，找到适合自己视频的发布时间。但发布视频的时间并不仅限于"四点两天"，视频创作者在选择视频的发布时间时，还可以参考以下几点。

（1）参考同类型成功账号的发布时间

成功的新媒体视频账号（即拥有百万、千万个粉丝的账号）有很多相似的地方，如内容优质、文案出彩、视频发布时间恰当等。如果视频创作者在初期没有找到合适的发布时间，可以借鉴同类型成功账号的发布时间，待账号成熟后再慢慢优化。

（2）参考账号主流用户群的观看时间

除了参考同类型成功账号外，视频创作者还可以将自己账号主流用户群的观看时间作为发布作品的时间。例如，教健身的视频，要尽量避开工作时间，毕竟很少有人会用工作时间来健身；助眠的视频，尽量不要选择白天，因为几乎没人愿意白天睡觉、晚上失眠；做美食的视频，尽量选择吃饭（或做饭）之前、22 点之后，以及上下班路上的时间，这样才能有效吸引用户观看。视频创作者在发布视频前需要充分考虑主流用户群体的观看时间，调整视频发布的时间。

（3）参考热点事件发生的时间

通常各个平台的热点、热搜，以及平台活动，都能够带来大量流量。所以视频创作者应实时关注热点事件，在热点出来的第一时间跟进，打造出符合自身账号风格的内容并发布，"趁热"吸引粉丝、获得曝光。

掌握了如何选择视频发布的时间后，视频创作者在实际发布视频时，还应该注意以下几点。

（1）选择固定时间发布

视频创作者不仅可以固定的时间发布视频，还可以选择在每周的哪几天发布。例如，选择在每周二、周四、周六的 21 点发布。采用这种发布方式能够培养用户的观看习惯，满足忠实粉丝的确定性心理，同时也能使视频制作团队的成员形成有序的工作模式。

（2）尽量适当提前发布

前面介绍过，视频的发布通常需要经过机器审核和人工审核，因此，视频的实际发布时间可能要比计划发布时间推迟半小时或 1 小时。在这样的情况下，视频创作者就需要在计划发布时间前至少半小时发布视频。

（3）错开高峰时间发布

前面介绍了"四点两天"的黄金发布时间，在这些时间发布的优质的视频内容，能够及时获得用户的反馈，上热门的机会更大。但视频创作者在这些时间发布视频，竞争压力较大，若选择错开高峰时间发布，可能会获得更好的效果。

（4）结合目标用户的使用习惯

视频创作者选择视频发布的时间还需要结合目标用户的使用习惯。例如，针对上班族的视频内容可以在早上的时间段发布，针对学生群体的视频内容可以在晚上的时间段发布。

4. 影响视频发布效果的其他因素

制作好的视频要上传到视频平台中进行发布，除了设置好标题、封面和发布时间外，还涉及许多细节问题，视频创作者需要掌握一些发布小技巧，包括根据热点话题发布、添加恰当的标签和定位发布等。

（1）根据热点话题发布

在创作视频时，视频创作者要根据自己的视频风格，把时下热门的话题融入自己的作品中，利用话题来增加自己视频的热度，应该是目前视频创作者们最常用的增加流量的方法。常见的热点话题主要有以下 3 类。

一是常规类热点话题。如节假日（春节、端午节、中秋节等）、大型活动（冬奥会、世界杯等）、开学、毕业季、高考等。

二是突发类热点话题。如突发事件、生活热点、娱乐新闻等。

三是预告类热点。如某个品牌的新款手机要上市、某部新电影要上映等。

只要是用户关心的话题，都可能成为热点。视频创作者只要合理运用，就可以帮助视频获得更多的流量和关注。那么视频创作者如何通过热点话题来制作爆款视频呢？掌握以下几点是关键。

① 把握时机。这是一个信息大爆炸的时代，信息更新的速度很快。热点话题也一样，一个话题刚刚热起来，可能就会出现另外一个热度更高的话题。所以，如果视频创作者想要利用话题的热度，千万不要持观望的态度，一定要把握时机，往往是一观望就失去了入场的好时机。

② 敢于突破。视频靠流量传播，争的是用户的关注。只有在海量同类视频中突出自己的特点，才会让自己的作品脱颖而出。很多较热门的话题可能已经超出了自己视频内容范畴，此时视频创作者要敢于突破，只有这样才可能有意想不到的收获。

③ 加入创意。虽然热点话题很重要，但是视频创作者不能随意追热点，热点话题的选取一定要与账号定位紧密结合。在进行视频的内容创作时，视频创作者应将热点话题与创意灵活结合在一起。

（2）添加恰当的标签

在制作完视频后，视频创作者将视频上传至平台前的一个必要步骤就是给视频添加标签。视频标签即视频内容的关键词，标签越精准，视频越容易得到平台的推荐，触达精准用户群体。

如果视频内容制作精良，却没有好的标签，那么很容易被淹没在众多视频中，无法提高点击率。在给视频添加标签时，视频创作者需要遵循一定的原则。

① 标签个数和字数。一般来讲，视频标签的个数为 3 ～ 5 个，每个标签的字数为 2 ～ 4 字。标签太少不利于平台的推送和分发，而标签太多则容易让人抓不住重点，错过核心用户群。例如，一条美食类视频可以添加"美食""菜谱""川菜"等标签，以同时涵盖视频类型和细分领域。

② 标签要精准。添加标签就是为了找到视频的核心用户群，将视频直接分发给核心用户群，从而提高点击率。例如，健身类视频可以加上"健身""运动"等标签，如果加上"美妆""影视"等标签，不仅不会吸引到更多用户，反而会拉低账号的垂直度。

③ 标签要紧追热点。视频创作者要保持对热点信息的灵敏度。某一事件既然能成为热点，说明有众多网民在关注这一话题，这意味着若能合理利用该话题，可以带来巨大流量。因此，视频创作者在视频标签中加入热点、热词，会提高视频的曝光率，从而使视频获得更多推荐。

（3）定位发布

视频创作者在发布视频时还可以选择定位发布，定位发布是指在发布视频时定位到某一地点，该地点展示在账号名称的上方，使视频被该地点附近的用户看到。例如，定位到人流量大的商圈、著名的旅游景区等，由于关注这些地点的用户很多，观看视频的用户的数量也相对较多。图 7-14 所示的视频发布时定位在淄博八大局，关注淄博八大局的用户就很可能选择观看该视频。

图 7-14

7.1.2 移动端视频的推广技巧

视频发布完成后，下一步的运营工作就是对视频进行推广。视频创作者要想通过视频获得理想的收益，掌握视频推广的技巧至关重要。移动端视频的推广技巧如下。

（1）利用信息流广告进行精准定向投放

移动端的 App 主要广告就是信息流广告，通过大数据进行分析，根据用户画像进行付费广告的精准定向投放，以达到品牌曝光及营销引流的目的。

（2）利用自媒体推广

自媒体作为新媒体的细分，可以理解为自己的新媒体，也就是自我营销、个性化的媒体。其具有个性化、低门槛、易操作、交互强、传播快等特点。视频创作者可以使用微信、微博、短视频等新媒体平台进行推广。

（3）制作精良的新媒体视频

在移动端，用户倾向于观看短视频，因此视频创作者要制作精良、有趣、吸引人的短视频，优化用户观看体验，增加视频的曝光量和点击率。视频标题和标签具有吸引力和可搜索性，能够提高视频的搜索排名和曝光率。

（4）利用社交媒体进行推广

在社交媒体上发布新媒体视频，通过社交分发和粉丝传播，增加曝光量和点击率。同时，视频创作者可以与社交媒体上的"大 V"合作，借助他们的粉丝基础进行推广。

总之，移动端视频的推广只有综合运用多种技巧和方法，不断优化和调整，才能取得更好的推广效果。

7.1.3 移动端视频的推广渠道

在移动端进行视频推广的渠道有很多，以下是一些常用的渠道。

（1）抖音

抖音是一个以音乐为背景的短视频分享平台，主要面向年轻人群体，视频创作者可以通过发布有趣、有创意的短视频来吸引目标受众的关注。

（2）快手

快手是一个记录和分享生活点滴的短视频平台，用户量庞大，视频创作者可以通过发布与产品或品牌相关的短视频来吸引目标受众的关注。

（3）微信视频号

微信视频号是微信推出的短视频平台，视频创作者可以通过发布与产品或品牌相关的短视频来吸引目标受众的关注，同时也可以通过微信社交平台进行推广。

（4）腾讯视频

腾讯视频是一个在线视频平台，视频创作者可以通过发布与产品或品牌相关的短视频或长视频来吸引目标受众的关注，同时也可以通过腾讯社交平台进行推广。

（5）哔哩哔哩

哔哩哔哩是一个弹幕视频分享平台，主要面向年轻人群体，视频创作者可以通过发布与产品或品牌相关的短视频或长视频来吸引目标受众的关注，同时也可以通过发弹幕、评论等方式与用户互动。

　　总之，在选择移动端视频推广渠道时，视频创作者需要结合自身的情况以及目标受众的属性和特点来进行选择，并合理分配预算。

7.1.4　移动端视频运营分析与报告输出

　　随着移动互联网的普及和 5G 的发展，新媒体视频已经成为人们获取信息、娱乐消遣的重要方式。各大平台纷纷进入新媒体视频领域，如抖音、快手、微视等。

1. 移动端视频运营分析

　　移动端视频运营分析的意义在于帮助视频创作者更好地了解作品和观众，从而优化内容和选题，提高视频的点赞量和阅读量。具体来说，视频创作者通过分析阅读量、评论量、收藏量等数据，可以判断哪些视频受欢迎，哪些内容能激发观众讨论的欲望，从而及时调整内容方向和选题。此外，视频创作者通过分析点击率和收藏率等数据，也可以了解观众对作品的态度和需求，从而提高作品的质量和价值。在移动端视频运营中，视频创作者还需要注意发布时间等因素，以提高作品的曝光度和影响力。具体可以从以下几个方面进行分析。

　　（1）内容运营

　　优质内容是移动端视频平台的核心竞争力。平台需要不断优化内容推荐算法，提高内容质量，满足用户多样化的需求。此外，平台可以通过举办活动、赛事等方式，激励用户创作优质内容，提高用户黏性。

　　（2）用户运营

　　用户是移动端视频平台的基础。平台需要关注用户需求，优化用户体验，提高用户满意度；通过数据分析，平台可以了解用户行为特征，实现精准推送，提高用户活跃度和留存率。

　　（3）渠道运营

　　移动端视频平台需要与各大渠道建立合作关系，拓展流量入口。此外，平台还应通过与品牌商、"网红"等合作，实现商业化变现，提高平台收益。

　　（4）数据运营

　　数据是移动端视频平台的重要资产。平台需要建立完善的数据监控体系，对用户、内容、渠道等数据进行实时分析，为运营决策提供支持。

2. 移动端视频的报告输出

　　移动端视频报告输出的意义在于提供了一种便捷、直观的方式，帮助用户了解和分析视频内容。这类报告通常包括以下方面的内容。

　　总览：报告的总览部分通常会提供移动端视频的整体数据，如观看次数、平均观看时长、完播率等。这些数据可以帮助运营者了解移动端视频的整体表现。

　　设备类型：报告会分别列出不同设备类型（如智能手机、平板电脑等）的视频观看数据。这可以帮助运营者了解用户倾向于在哪些设备上观看视频。

　　操作系统：报告会列出不同操作系统（如 iOS、Android 等）的视频观看数据。这可以帮助运营者了解用户倾向于在哪些操作系统上观看视频。

　　视频内容：报告会提供关于视频内容的数据，如最受欢迎的视频类别、最受欢迎的视频主题等。这些数据可以帮助运营者了解用户对哪些视频内容更感兴趣。

用户行为：报告会提供关于用户行为的数据，如用户观看视频的时间、观看视频的地点等。这些数据可以帮助运营者了解用户在何时何地观看视频。

转化率：报告会提供关于用户在观看视频后执行特定操作（如购买、注册等）的数据。这可以帮助运营者了解视频对用户行为的影响。

社交媒体分享：报告会提供关于视频在社交媒体平台上被分享的次数等数据。这可以帮助运营者了解用户倾向于在哪些社交媒体平台上分享视频。

视频质量：报告会提供关于视频质量的数据，如播放速度、缓冲时间等。这些数据可以帮助运营者了解视频的播放效果。

结论与建议：报告的结论部分会总结以上数据，并给出优化移动端视频的建议。这可以帮助运营者更好地优化视频，改善用户体验。

需要注意的是，具体的报告内容可能因不同的数据分析工具而有所不同。运营者可以根据自己的需求选择合适的项目来生成移动端视频报告。

通过移动端视频报告，视频创作者可以更好地了解自己的视频在市场上的表现，从而调整和优化内容策略，提高视频质量和吸引力，促进观众互动，最终实现更好的传播效果和更高的商业价值。同时，对于广告主和品牌合作方来说，这些数据也有助于他们评估广告投放效果和选择合适的合作伙伴。

📖 课堂练习

在抖音发布一条个人Vlog。

7.2　PC端视频的发布与运营

随着移动设备和移动互联网的普及，虽然移动端已经成为主流，但PC端仍然具有不可替代的优势，对于视频发布和运营来说，合理利用PC端的优势可以提高视频质量和优化观看体验，同时也可以吸引更多观众关注和分享。视频在PC端发布和运营的优势包括以下几点。

（1）展示效果更好

相较于移动端，PC端屏幕更大，分辨率更高，能够提供更好的视觉体验，使视频展示效果更佳。

（2）创作工具更丰富

PC端拥有更多的视频编辑软件和工具，如Premiere等，能够提供更丰富的视频制作和编辑功能。

（3）观看体验更佳

观众在PC端观看视频时可以自由调整播放速度、清晰度等，同时可以使用键盘和鼠标进行操作，更加方便和快捷。

（4）流量来源更多元

PC端可以吸引来自搜索引擎、社交媒体等多个渠道的流量，能够为视频带来更多曝光机会和观看量。

7.2.1　PC 端视频的发布

在 PC 端发布视频，也需要选择一个合适的平台，常见的 PC 端视频发布平台有：优酷、腾讯视频、哔哩哔哩（简称 B 站）、抖音、快手等。下面以优酷为例，介绍如何在 PC 端发布视频。

01 打开优酷官网，单击首页右上方的账号头像，如图 7-15 所示。

图 7-15

02 进入账号主页，在左侧导航栏中选择【创作中心】选项，如图 7-16 所示。

03 进入【创作中心】后，系统自动切换到【视频管理】界面，单击【立即上传自己的作品】按钮，如图 7-17 所示。

图 7-16

图 7-17

04 进入作品上传界面，直接将视频拖曳到虚线框内，或者单击【上传本地视频】按钮，如图 7-18 所示。初次上传视频，会弹出一个提示框，提示用户阅读平台协议，单击【我已阅读并了解】按钮即可，如图 7-19 所示。

图 7-18　　　　　　　　　　　　　　　图 7-19

05 弹出【打开】对话框，找到需要上传的视频，选中视频后，单击【打开】按钮，如图 7-20 所示，上传后效果如图 7-21 所示。

图 7-20　　　　　　　　　　　　　　　图 7-21

视频上传之后，视频创作者可以设置视频的封面、标题、标签等。

01 设置封面。单击图 7-21 右侧的【修改封面】链接，弹出【视频截图】对话框，视频创作者可以从中选择一张图片作为视频的封面，单击【保存】按钮，如图 7-22 所示。此时，视频封面即可更换为选择的图片，如图 7-23 所示。

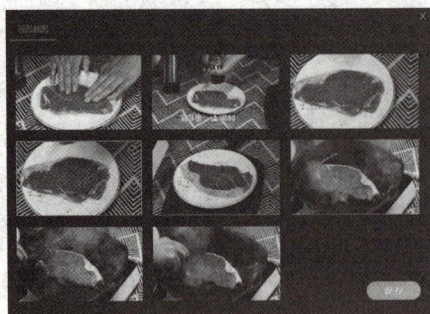

图 7-22　　　　　　　　　　　　　　　图 7-23

02　设置好封面后，视频创作者可以按照提示，继续设置视频的标题、添加标签、设置分类、添加视频简介等，设置完毕，单击【发布】按钮，如图 7-24 所示。

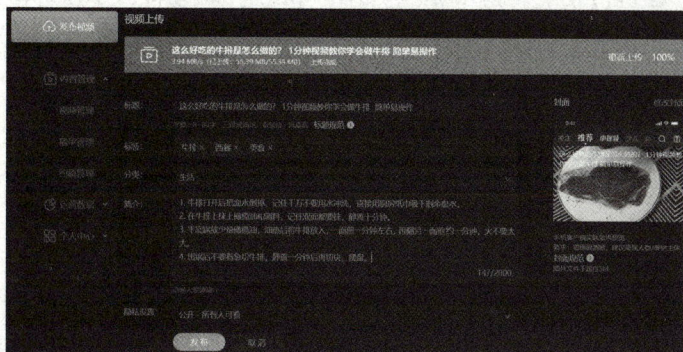

图 7-24

03　发布完成后，在【全部】下拉列表中即可看到新发布的视频，并提示"审核中"，如图 7-25 所示。

图 7-25

7.2.2　PC 端视频的引流技巧

视频引流是目前非常流行的一种营销方式，无论是短视频还是长视频，都能够为商家带来大量的流量。在 PC 端，视频引流的技巧主要有以下几个。

（1）视频封面要吸引人

视频封面是观众对视频的第一印象，好的封面可以吸引更多的观众点击观看。视频创作者可以根据视频内容选择具有吸引力的图片作为封面，并在图片上添加吸引人的标题和标签。

（2）视频内容要优质

视频内容优质是最基本的引流技巧，只有优质的内容才能吸引观众，并让他们愿意将视频分享和推荐给他人。因此，在制作视频时，视频创作者要注重视频内容的质量和创意，让观众感到新鲜和有趣。

（3）视频标题和标签要精准

标题和标签是观众搜索视频的关键，视频创作者要根据视频内容选择精准的关键词，并应用在标题和标签中。这样可以让观众更容易搜索到视频，提高视频的曝光率。

（4）利用弹幕引流

弹幕是 PC 端视频常见的互动形式，视频创作者通过发布有趣的弹幕可以吸引观众关注，并引导他们进入自己的网站或社交媒体平台。

（5）视频推广渠道要多

除了在 PC 端平台发布视频外，视频创作者还可以在其他平台进行推广，如社交媒体、短视频平台等。这样可以扩大视频的覆盖范围，并吸引更多的观众观看视频。

以上是一些常见的 PC 端视频引流技巧，视频创作者可以根据自己的实际情况选择适合的方法来提高视频的曝光度和增加流量。

7.2.3　PC 端视频的引流渠道

PC 端视频的引流渠道有很多种，以下是一些常用的引流渠道。

（1）视频网站

视频创作者可以在优酷、土豆、爱奇艺、腾讯视频等视频网站上传高质量的视频内容吸引观众，并在视频中加入水印或者链接，引导观众关注自己其他平台的账号。

（2）社交媒体

视频创作者可以在微博、抖音、快手等社交媒体上发布短视频或者直播来吸引观众，同时也可以在社交媒体上分享视频链接。

（3）自媒体平台

视频创作者可以在今日头条、百家号、大鱼号等自媒体平台发布视频内容来吸引观众，并在视频中加入水印或者链接引导观众关注自己其他平台的账号。

（4）搜索引擎

视频创作者可以在百度、360 搜索、搜狗搜索等搜索引擎，通过优化视频标题、描述和标签等信息来提高视频在搜索引擎中的排名，从而吸引观众。

（5）论坛和社区

视频创作者可以在贴吧、天涯社区等发布视频内容或者分享视频链接来吸引观众，并在帖子中加入水印或者链接，引导观众关注自己其他平台的账号。

（6）合作伙伴

视频创作者可以与其他网站或者企业合作，将视频嵌入他们的网站中，将他们的流量引至自己的账号。

7.2.4　PC 端视频的运营分析与报告输出

随着互联网技术的不断发展，视频已经成为人们获取信息、娱乐休闲的重要来源。PC 端视频作为其中一种来源，吸引了大量的用户，也为运营商提供了商业机会。为了更好地了解 PC 端视频的运营状况，本小节介绍如何进行 PC 端视频的运营分析并输出分析报告。

1. PC 端视频运营分析

在 PC 端进行视频运营分析，运营者需要先了解视频平台的推荐逻辑和数据分析方法。一般来说，系统会根据视频的画面、文案、话题等信息的综合数据来判断给视频推荐多少流量，并在视频被推荐给首批用户后，关注视频的播放量、点赞量、评论量、转发量等数据，根据这些数据决定后续推荐多少流量。因此，运营者需要关注这些数据，并根据分析结果来优化视频内容和推广策略。

在 PC 端进行视频运营分析的方法如下。

（1）趋势分析

通过分析视频表现的变化趋势，评估视频的长期表现和调整策略。运营者除了可以通过平台后台获取数据并进行分析外，还可以利用各种数据分析工具，比如飞瓜数据、蝉妈妈等。

（2）数据比较分析

运营者将自己的数据与竞争对手的数据进行比较，了解市场的变化和趋势，找到自己的优势和不足，为制定更好的策略提供参考。

（3）分析用户行为

通过分析反映用户的行为指标，比如点击率、留存率、转化率等，了解用户与视频互动的情况，从而改进视频内容和营销策略。

（4）深度反思并解决问题

根据分析数据发现的问题，运营者进行深度反思并找出问题原因，提出解决方案，及时调整自己的策略，制定更好的内容和营销方案，改善短视频运营的效果。

2. PC 端视频的报告输出

PC 端视频的报告输出与移动端视频的报告输出内容是差不多的，主要包括以下内容。

总览：报告的总览部分，包括报告的目的、分析范围和时间范围。

用户数据：报告中关于用户的数据，如观看视频的用户数量、用户观看视频的时间、用户观看视频的频率等。

设备数据：报告中关于设备的数据，如观看视频的设备类型、操作系统、浏览器等。

视频数据：报告中关于视频的数据，如观看次数、平均观看时长、完播率、跳出率等。

流量来源：报告中关于视频流量来源的数据，如直接访问、搜索引擎、社交媒体等。

地域数据：报告中关于用户地理位置的数据，如观看视频的国家、地区、城市等。

用户行为：报告中关于用户行为的数据，如用户在观看视频时的互动情况、用户观看视频的时间分布等。

报告结论：报告的结论部分，总结报告的主要发现和建议。

需要注意的是，PC 端视频的设置参数可能更多，运营者在进行报告输出时，需要将这些参数考虑在内。

（1）视频格式

运营者首先需要确定视频的格式，如 MP4、AVI、MKV 等。不同的视频格式可能适配不同的播放器或插件。

（2）视频编码

视频编码决定了视频的压缩质量和播放流畅度。常见的视频编码格式有 H.264、H.265、VP9 等。

（3）视频分辨率

视频分辨率决定了视频的清晰度。常见的视频分辨率有 720p、1080p、4K 等。

（4）视频帧率

视频帧率决定了视频的流畅度。常见的视频帧率有 24fps、25fps、30fps、60fps 等。

（5）视频播放器

选择合适的视频播放器，如 Windows Media Player、VLC Media Player、PotPlayer 等，

以确保视频正常播放。

（6）报告生成

在观看视频的过程中，运营者可以使用屏幕录制软件（如 OBS、Bandicam 等）来记录视频播放的情况，并生成报告。报告中应包含视频的基本信息（如格式、编码、分辨率、帧率等）、播放器的版本信息、播放过程中的问题（如卡顿、音画不同步等），以及系统环境信息（如操作系统、CPU、内存等）。

（7）故障排查

如果在播放视频过程中出现问题，运营者可以通过查看报告来分析原因，如视频编码不支持、播放器设置不正确、系统资源不足等，并采取相应的解决措施。

课堂练习

选择一个已制作完成的视频，将其上传到优酷平台并为其设置封面、标题、标签、分类等。

章节实训

运营者在 PC 端上传抖音短视频并通过朋友圈、微博进行推广，记录一周数据的变化，写出运营分析报告。

【实训目标】

熟练掌握视频的发布流程及运营分析报告的输出。

【实训思路】

1. 在 PC 端，登录抖音创作者中心，单击【发布作品】按钮。

2. 将要发布的视频直接拖动到视频区域，上传视频。

3. 输入作品名称、描述，设置视频封面，添加标签等。

4. 设置完毕，单击【发布】按钮。

5. 将发布的抖音视频转发到朋友圈和微博。

6. 记录一周数据的变化，写出运营分析报告。

思考与练习

一、填空题

1. 标题创作的三大准则是 _____、_____ 和 _____。

2. 关于视频发布的发布时间，通常可以总结为 _____。

3. 列出 3 个 PC 端视频的常用引流渠道：_____、_____ 和 _____。

二、单项选择题

1. 下列关于移动端视频的推广技巧，说法不正确的是（　　）。

　　A．付费推广　　　　　　　　　　B．自媒体推广

　　C．不定向投放　　　　　　　　　D．社交媒体推广

2．关于视频发布，下面说法正确的是（　　　）。

　　A．抖音视频只能在移动端发布

　　B．哔哩哔哩视频只能在 PC 端发布

　　C．抖音视频既可以在移动端发布也可以在 PC 端发布

　　D．快手视频只能在移动端发布

3．下列关于 PC 端视频的常用引流渠道的说法，错误的是（　　　）。

　　A．PC 端视频可以通过在视频中添加水印引流

　　B．PC 端视频不能通过社交媒体引流

　　C．PC 端视频可以通过百度搜索引擎引流

　　D．PC 端视频可以通过贴吧引流

三、判断题

1．视频格式决定了视频的清晰度。（　　　）

2．视频分辨率决定了视频的压缩质量和播放流畅度。（　　　）

3．视频帧率决定了视频的流畅度。（　　　）

四、问答题

1．PC 端视频的引流技巧有哪些？

2．简述移动端视频的推广技巧。

3．说出 3 种常用标题创作方法，并简要说明。

五、技能实训

1．在快手移动端发布一个短视频。

2．在优酷 PC 端发布一个短视频。

第 8 章
综合实训——短视频的拍摄与剪辑

学习目标

√ 能够独立拍摄短视频

√ 掌握后期剪辑短视频的技能

课前思考

在某美食博主的视频中，最多的是乡村时令食物和传统节日美食，比如马奶酒、腊八粥等。其视频有丰富的中国传统文化元素。同时，该博主通过在乡村生活、劳动的亲身体验，拍摄出了比较真实的、可以展现原生态环境的视频，这也进一步提升了视频的说服力和观看价值，提升了观众的信任度，从而收获巨大的流量，打造出了属于自己的个性化 IP 品牌。

思考题：

1. 短视频拍摄内容的真实性重要吗？
2. 你还知道哪些通过视频打造出了自己的 IP 品牌的博主？

8.1 短视频的拍摄

短视频的拍摄是指通过手机、相机等设备，以短视频的形式记录、创作内容，通常视频时长在 1 分钟至 5 分钟。短视频常见于社交媒体、短视频平台，成为当下非常流行的内容创作形式。本节介绍短视频拍摄的具体流程及注意事项。

扫一扫

8.1.1 短视频拍摄的前期准备

在拍摄短视频之前，我们需要进行一系列的准备工作以确保拍摄工作顺利进行，并获得高质量的作品。

1. 确定主题和内容

我们首先要明确短视频要表达的主题和内容，以便在后续的制作过程中保持一致性和连贯性。此处，我们确定的拍摄主题为"正定古城一日游"，内容就是正定古城风貌及其优美的夜景。

2．选择合适的设备

根据预算和需求选择合适的拍摄设备，拍摄这种游记视频，通常可以选择轻便灵活的手机或微单相机及辅助设备，如稳定器、三脚架等，以提高拍摄质量。

3．确定拍摄时间和计划

根据分镜头脚本和场地安排，制订详细的拍摄计划，包括每个镜头的拍摄时间和场地转换时间，确保拍摄工作高效进行。

4．人员安排

根据需要组建拍摄团队，明确每个人的职责和任务，确保拍摄工作顺利进行。此处两人组成一个团队即可，演员一名，摄影师兼导演一名。

8.1.2　短视频的脚本策划

优秀的短视频离不开好的脚本。脚本的作用是帮助我们厘清每一个创作环节，能够在最短的时间内获取视频剪辑所需要的素材。

在进行脚本创作前，我们先要确定好拍摄时间、拍摄场地和参演演员，然后有针对性地组织分镜头脚本，如画面内容、景别、摄法技巧、时间、机位、音效等。正定古城视频的分镜头脚本，如表 8-1 所示。

表 8-1　正定古城视频的分镜头脚本

镜头编号	拍摄方法	时间	画面
1	全景拍摄	1～3 秒	将牌坊纳入画面，拍摄迎面而来的车流
2	用框架构图法拍摄远景	3 秒	城门中演员款款走来
3	镜头贴近地面，取景演员下半身，对焦点为远景	3 秒	演员向镜头走来
4	拍摄园区导览图	2 秒	拍摄演员手指园区导览图的动作
5	使用大远景拍摄演员从红墙前走过	7 秒	演员走过古城的红墙前，其从画面右侧，大跨步走向左侧
6	使用远景拍摄演员向镜头走来	3 秒	用框架收缩视线，拍摄演员全身
7	使用远景拍摄演员从城门楼下走过	3 秒	尽量完整拍摄城门楼，让演员和城门楼之间形成强烈的大小对比效果
8	使用中景拍摄演员上半身	3 秒	侧逆光拍摄，演员手指划过城墙，向镜头方向慢慢走来
9	低角度仰拍风铃	3 秒	现场收录风铃的声音，也可以后期添加音效
10	仰拍建筑，镜头慢慢抬起	3 秒	演员用手指向建筑的牌匾
11	仰拍建筑正面，镜头缓缓向上	5 秒	拍摄建筑全景
12	使用近景拍摄演员上半身	2 秒	演员抬起手臂，五指张开，遮挡阳光
13	使用远景仰拍远处屋檐上的鸽子	5 秒	拍摄鸽子飞起的过程
14	跟随演员拍摄其背影，使用中景拍摄演员上半身	5 秒	拍摄霓虹灯下演员走动的背影，直到演员走到舞台演出的位置
15	拍摄演员背影特写，拍摄舞台演出的场景	4 秒	拍摄演员观看演出的背影，镜头逐渐转到舞台演出
16	使用中景，围绕演员运镜，拍摄演员上半身	5 秒	从演员后方逆时针环绕运镜至演员正前方
17	使用中景，拍摄演员膝盖以上的部分	2 秒	拍摄演员在城墙上看夜景，其从画面右侧往左侧走
18	拍摄演员膝盖以上的部分，然后转为身后的夜景	3 秒	拍摄演员用手指向身后夜色的动作

8.1.3 短视频的拍摄过程

分镜头脚本策划完成后，摄影师只需要将每一个镜头都保质保量地拍摄完成即可。

01 来到正定古城正门的正前方，选择一个稍微远一点，可以将牌坊纳入画面的位置，拍摄古城正门及门前景象，此处采用全景拍摄，如图8-1所示。

图8-1

02 让演员从城门中走过，采用正面远景拍摄，借助城门使用框架构图法，如图8-2所示。

图8-2

03 将镜头贴近地面，让演员从城门中走过，这次仅拍摄演员的下半身，如图8-3所示。

图8-3

04　进入古城之后，会有一张园区导览图，使用近景拍摄导览图，演员在导览图上用手指出自己要去的地方，如图 8-4 所示。

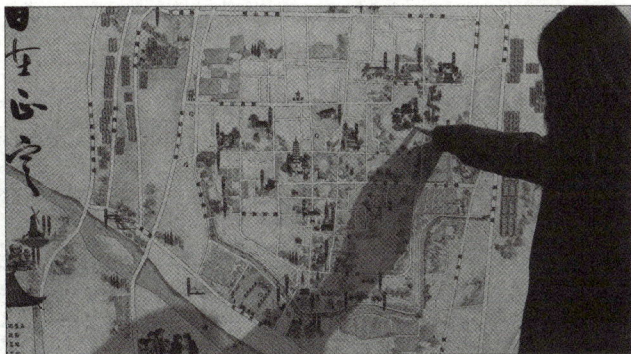

图 8-4

05　演员从古城的红墙前走过，使用大远景拍摄演员从画面右侧走到左侧的全过程，如图 8-5 所示。

图 8-5

06　在古城园区内，使用远景拍摄演员向镜头走来的正面镜头，此处还借助了园区内凉亭的柱子，形成框架构图，如图 8-6 所示。

图 8-6

07 使用远景拍摄演员从城门楼下走过，尽可能完整拍摄城门楼，显示出城门楼与演员的大小对比关系，如图8-7所示。

图8-7

08 使用侧逆光中景拍摄演员向镜头走来，演员边走边用手划过城墙，如图8-8所示。

图8-8

09 低角度仰拍墙上的风铃，如图8-9所示。

图8-9

10　拍摄古城内的建筑，采用仰拍的方式，将镜头缓缓地由下向上移动，直至拍摄到建筑的牌匾，同时演员用手指向牌匾，如图 8-10 所示。

图 8-10

11　拍摄另一处建筑，依然采用仰拍的方式，将镜头缓缓地由下向上移动，直至拍摄到建筑的全景，如图 8-11 所示。

图 8-11

12　使用近景拍摄演员用五指张开的手遮挡阳光的动作，如图 8-12 所示。

图 8-12

13 使用远景仰拍屋檐上的鸽子，如图 8-13 所示。

图 8-13

14 使用中景拍摄霓虹灯下演员走动的背影，如图 8-14 所示，直到演员走到舞台演出的位置。

图 8-14

15 拍摄演员观看演出的背影，然后镜头逐渐转到舞台演出，如图 8-15 所示。

图 8-15

16　演员走到城楼上，摄影师使用中景围绕演员运镜，从演员的后方环绕运镜至演员的正前方，如图 8-16 所示。

图 8-16

17　拍摄演员在城墙上观看古城夜景，使用中景拍摄演员，让演员从画面右侧往左侧走，如图 8-17 所示。

图 8-17

18　拍摄从演员到身后夜景的转场，如图 8-18 所示。

图 8-18

📖 **课堂练习**

自由分组，组建拍摄团队，拍摄一段旅游景点的视频。

8.2　短视频的后期剪辑

短视频后期剪辑是短视频制作过程中的重要环节，直接决定了短视频的呈现效果和观众体验。

扫一扫

8.2.1　创建并导入视频素材

视频拍摄完成后，剪辑人员需要先观看一遍拍摄好的素材，从中筛选出所需要的素材，将这些素材放在一个文件夹中，然后按照分镜头脚本镜号排序，方便剪辑，如图8-19所示。此处使用剪映进行剪辑，所以剪辑人员需要先将视频导入手机相册中备用，如图8-20所示。

图 8-19

图 8-20

01　打开剪映，点击【开始创作】按钮，如图 8-21 所示。

02　打开【素材库】，在【视频】文件中，按顺序依次选择筛选出的素材。若想取消错选的素材，只要再次点击该素材。选择完毕，点击【添加】按钮，如图 8-22 所示。

03　将选择的所有视频导入剪映中，并进入视频剪辑界面，如图 8-23 所示。

图 8-21　　　　　　　　图 8-22　　　　　　　　图 8-23

8.2.2　剪辑视频素材

1. 粗剪

对视频素材进行粗剪，即拖动、分割、删除和移动。剪辑人员在粗剪时要注意以下两点：第一，按照脚本控制好每段素材的时长；第二，要截取画面完整、构图优美、演员动作表情到位的瞬间。

01　选中第 2 个镜号的素材，将没有拍摄到演员的脚的部分剪掉。将时间线移动到演员的脚最后出现的位置，点击【分割】按钮。将第 2 个镜号的视频分割为两段，然后选中后面一段，点击【删除】按钮，将其删除，如图 8-24 所示。

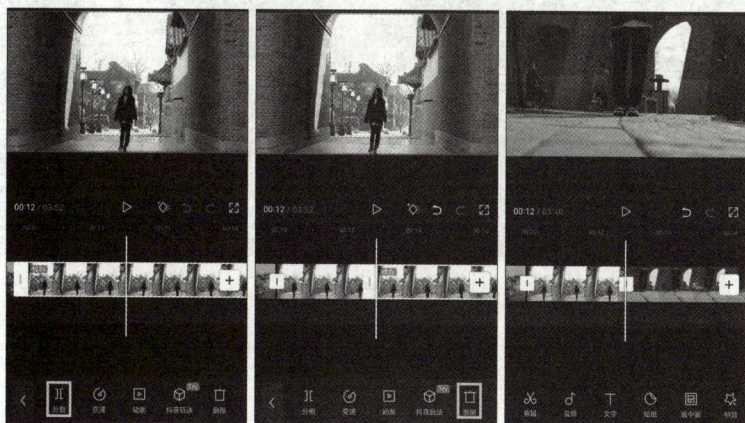

图 8-24

02 选中第 3 个镜号的素材，仅保留背景清晰、显示演员膝盖及以下部分即可，如图 8-25 所示。如果剩余的视频时长比脚本时间长，可以从后面再裁掉一部分，如图 8-26 所示。

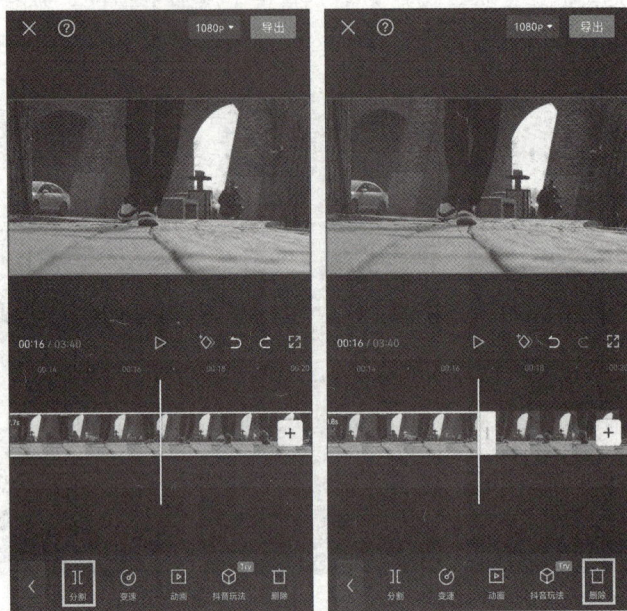

图 8-25

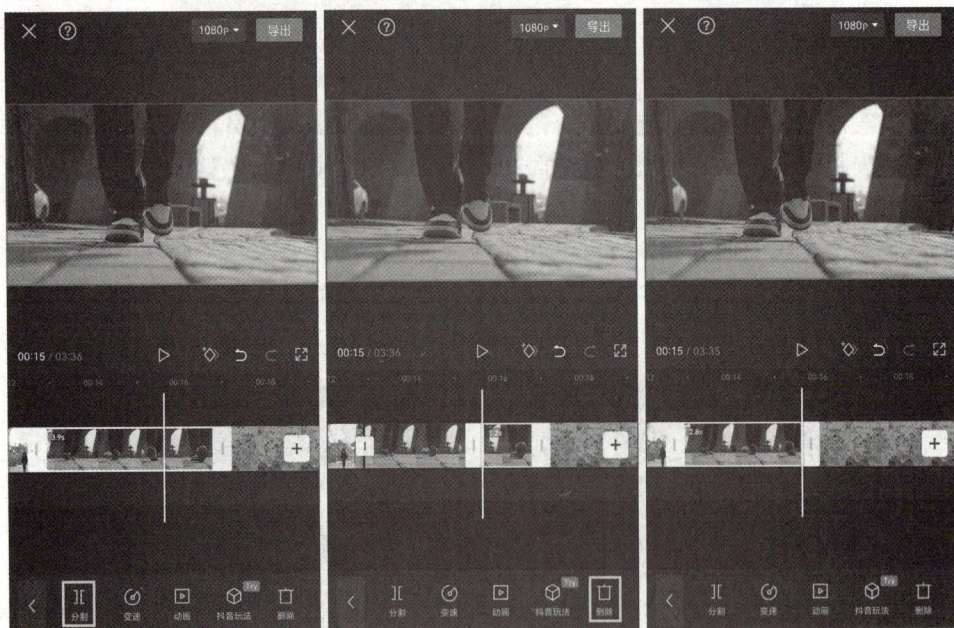

图 8-26

按照相同的思路和方法，对其他未列出的素材进行粗剪即可。

2. 精剪

精剪是指为优化短视频进行剪辑的过程，包括剪掉不合适的内容，加入转场、特效、贴纸等元素，以提升视频的观赏价值和增强视频的节奏感。

01　变速。选中第 1 个镜号素材，可以看到素材时长为 9.9s，远超过脚本的 1 ~ 3s，如果不想裁剪，就需要对视频进行加速处理。点击【变速】按钮，然后点击【常规变速】按钮，在变速轴线上，拖动红色的圆圈到 3.5x 的位置，然后点击右下角的【√】按钮，视频时长由 9.9s 变为 2.8s，如图 8-27 所示。

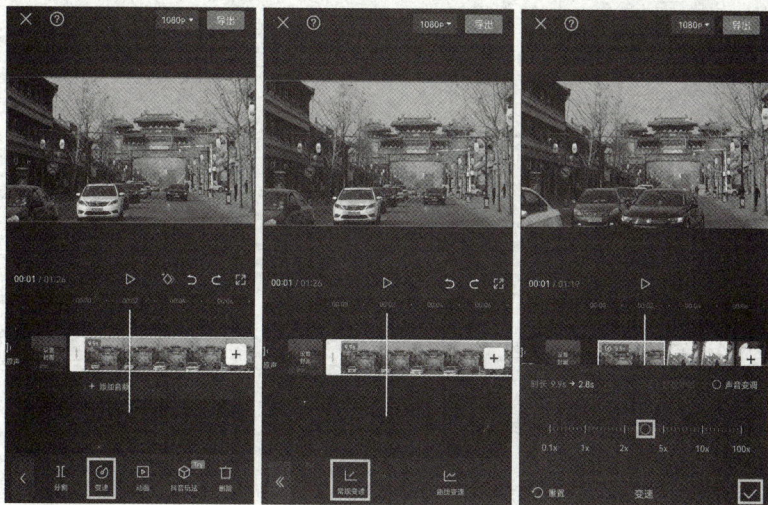

图 8-27

02　放大。拍摄素材中难免有些欠缺的场景，这时剪辑人员可以将素材适当放大。例如，镜号 4 中需要将景点分布图放大显示，这时可以在素材上伸展双指，进行放大，如图 8-28 所示。

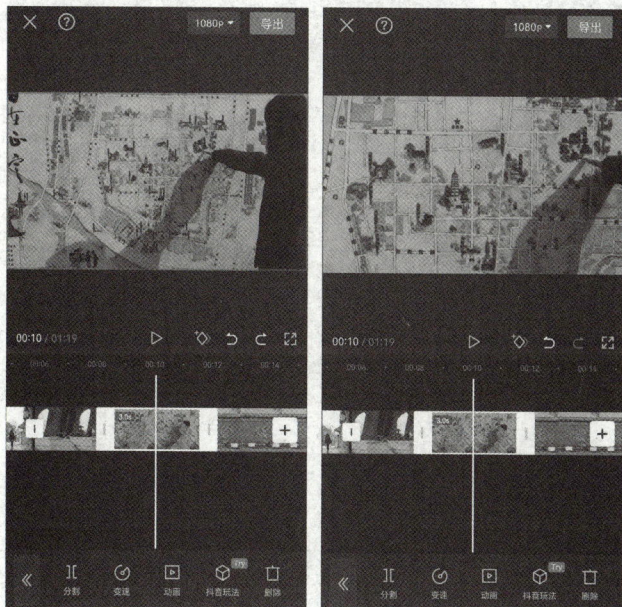

图 8-28

03 转场。为了使画面看起来更加生动，剪辑人员可以为视频添加一些转场，如可以使用【分割】功能，将镜号5的视频片段分成3段，如图8-29所示。

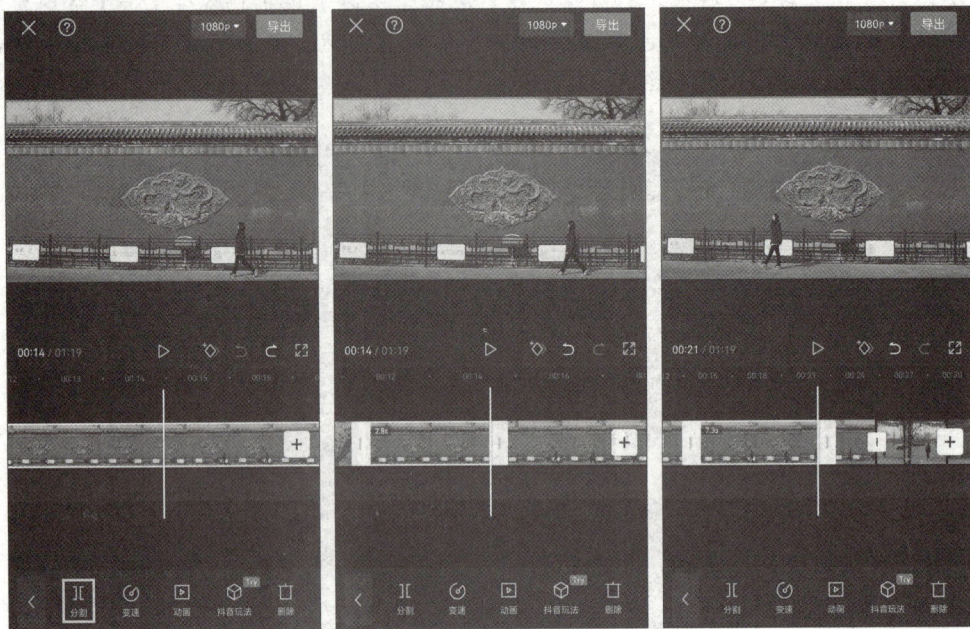

图 8-29

04 此处打算使用叠化效果，为了使叠化效果更明显，剪辑人员可以将后面视频的前半部分剪掉一小部分。选中镜号5的第2段视频，在其播放到1s左右的位置，点击【分割】按钮，将其分为两段，然后选中要删除的前半部分，点击【删除】按钮将其删除，如图8-30所示。

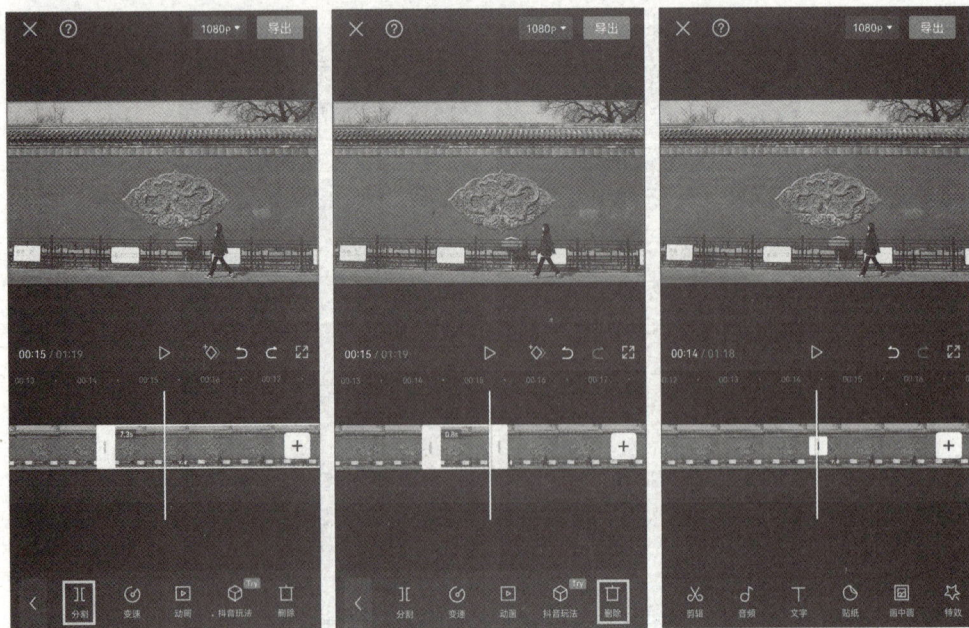

图 8-30

05　点击镜号 5 视频前两段中间的转场按钮，打开转场设置界面，选择【叠化】选项，然后将转场时间调整为 1.4s，设置完成后点击右下角的【√】按钮，即可预览叠化的效果，如图 8-31 所示。可以看到应用"叠化"转场后，画面看起来有一种时间流逝的动感。

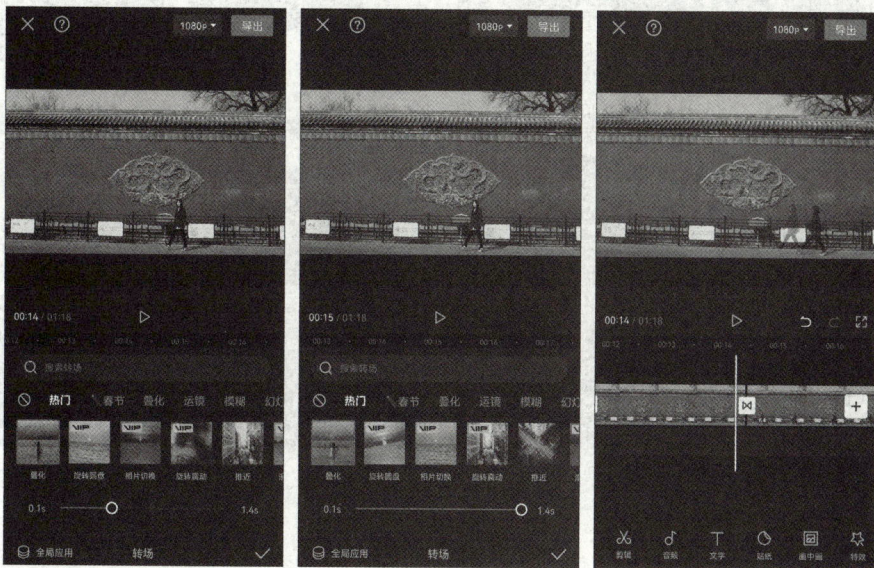

图 8-31

06　按照相同的方法，在镜号 5 的后两段中间也使用叠化转场，然后按照相同的剪辑思路和方法对后面镜号的视频进行剪辑，此处就不再一一介绍。

8.2.3　添加并设置音频

1. 设置视频原声

视频剪辑完成后，我们就可以对视频中的音频进行设置了。若原素材中有摄影师的喊话声以及嘈杂音，可做静音处理，然后根据文案内容添加配音或背景音乐。

01　对视频中的部分视频素材的原音做静音处理，首先要将视频素材的原音与视频分离，如选中一段视频素材，在下方的剪辑菜单中点击【音频分离】按钮，即可将视频和原音分离，如图 8-32 所示。

02　如果需要调整原音的音量大小，可以选中音频文件，点击【音量】按钮，打开音量调节界面，调整音量大小，调整完毕，点击右下角的【√】按钮即可，如图 8-33 所示。

图 8-32

03 按照相同的方法将其他视频素材的视频与原音分离并调整音量大小，如果某段视频不需要原音，可以直接选中音频片段，点击【删除】按钮将其删除，如图8-34所示。

图 8-33

图 8-34

2. 添加视频解说

我们还可以为视频添加解说和背景音乐。下面先来为视频添加一段解说。

一段柔美的解说文字可以让画面更生动。短视频团队为视频写的解说文案如图8-35所示。

对于解说文案，我们可以直接使用剪映根据文案进行录音，也可以使用其他配音软件进行配音，然后将解说音频导入视频中。此处，我们以使用讯飞智作配音软件进行配音为例进行介绍。

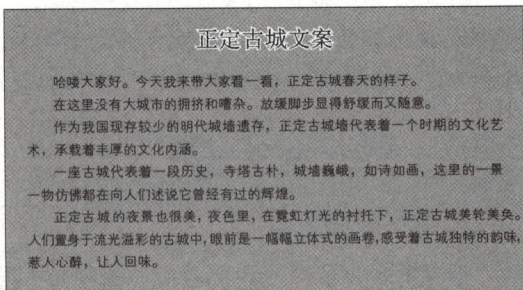

图 8-35

01 在网页中打开讯飞智作首页并登录，选择【讯飞配音】选项，在弹出的菜单中选择【制作合成配音】选项，如图8-36所示。

图 8-36

02 打开配音界面，将解说文案复制到文案文本框中，然后单击主播名称的位置选择主播，如图8-37所示。

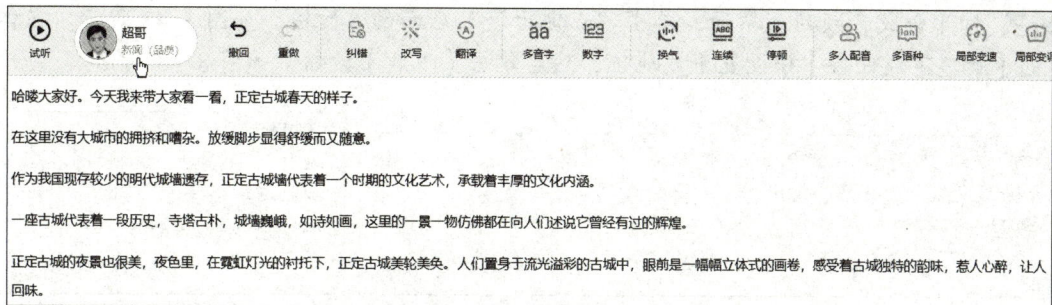

图 8-37

03　打开主播界面，我们可以根据需求选择主播，选择后，我们还可以对主播的语速、语调等进行设置，设置完毕，单击【使用】按钮，如图 8-38 所示。

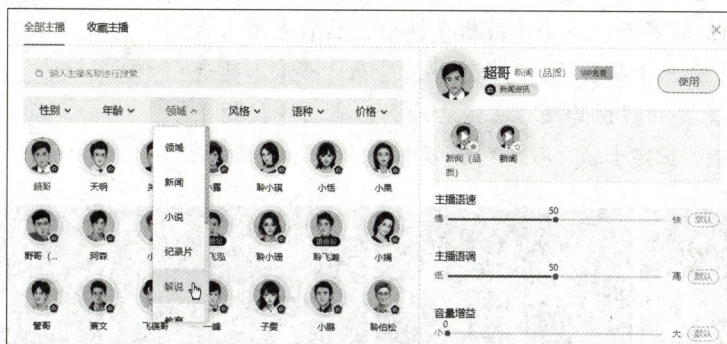

图 8-38

04　返回配音界面，我们可以试听主播的声音，如果没问题，单击右上角的【生成音频】按钮，如图 8-39 所示。

图 8-39

05　打开【作品命名】界面，输入作品名称，选择作品格式，单击【确认】按钮，如图 8-40 所示，打开【订单支付】界面，单击【去下载】按钮，如图 8-41 所示。

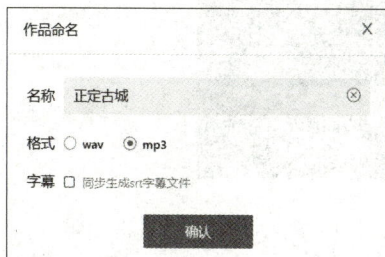

图 8-40

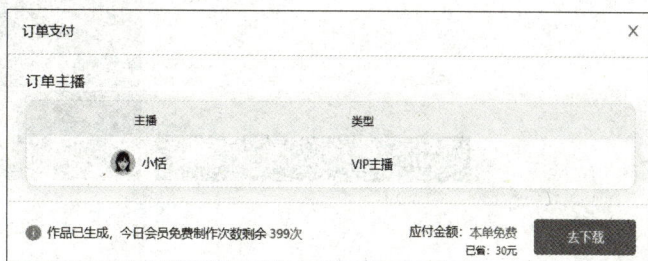

图 8-41

06 打开合成音频列表界面，单击"正定古城"后面的 ↓ 按钮，如图 8-42 所示。在弹出的【新建下载任务】中设置下载地址，然后单击【下载】按钮，如图 8-43 所示。

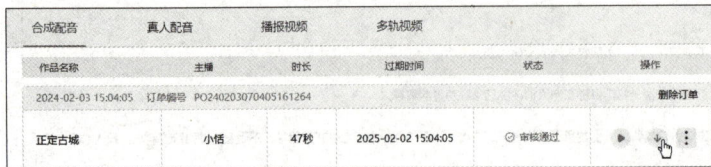

图 8-42   图 8-43

07 将下载的配音文件传输到手机上的"内部存储 > Sounds"文件夹中，如图 8-44 所示。我们可以选择将手机连接到计算机，也可以通过 QQ、微信等传输。

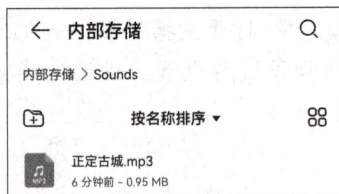

08 在剪映的编辑界面，点击【剪辑】按钮，然后点击【音乐】按钮，进入【音乐】界面后，选择【导入音乐】→【本地音乐】选项，找到需要的解说音频"正定古城"，点击【使用】按钮，即可将音频"正定古城"添加到视频中，如图 8-45 所示。

图 8-44

图 8-45

09 添加的解说音频与视频的节奏可能不一致，我们可以将音频分割成多段，然后调整其位置，分割方法与视频分割方法一致，此处就不赘述。

8.2.4　导出并发布短视频

视频在剪映中剪辑完成后，点击【导出】按钮，即可导出到手机上，如图 8-46 所示。

图 8-46

01 打开抖音，进入短视频拍摄界面。在【相册】中选择制作好的正定古城视频，点击【下一步】按钮，进入短视频编辑界面。由于该短视频已经剪辑完成，预览完成后，直接点击【下一步】按钮即可，如图 8-47 所示。

02　进入发布界面，输入文案"春游古城，大美中国"，然后点击右上角的【选封面】，选择一个封面。点击【#话题】按钮，在话题列表中选择播放次数较多的话题，如"#古城情"等。设置完成后，点击【发布】按钮，如图 8-48 所示，即可发布短视频。

图 8-47
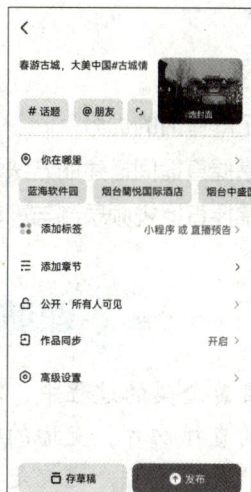
图 8-48

课堂练习

对拍摄的旅游景点的视频进行剪辑。

章节实训

策划拍摄一条生活技能类短视频（如剪纸），剪辑后发布到抖音平台。

【实训目标】

通过拍摄与剪辑剪纸视频，感受我国劳动人民伟大的智慧，提高审美能力，帮助传播传统艺术，同时还能提高个人拍摄、剪辑视频的技能。

【实训思路】

1. 本视频的主题是"剪纸"，所以可以只选择人物手部出镜，拍摄剪纸的精彩视频片段，最后的成品展示也要拍摄一段。

2. 将拍摄好的视频通过剪映进行剪辑，并添加背景音乐。

3. 剪辑完成后，直接发布到抖音平台。

4. 在抖音平台设置视频名称、话题、封面等。

5. 设置完成，发布即可。

第 9 章
综合实训——直播视频的拍摄、录制与剪辑

学习目标

- √ 了解直播的优势
- √ 掌握直播间搭建的方法
- √ 掌握直播视频录制与剪辑的技能

课前思考

某主播在直播销售黄金梨的过程中，在短视频账号发布了几条关于主播在原产地边直播边介绍黄金梨的直播切片。直播的时候，不断有人进入直播间参与活动，主播一边吃梨一边直播："大家请看，这就是黄金梨，色泽金黄，口感好、水分足，真是美味极了。"直播让观众仿佛身临其境，观众不断留言："看着就好吃""真想马上飞过去吃一口""活动力度大，实惠"……秀美的自然环境、富有特色的农产品，再加上之前的直播切片，让黄金梨的销量暴涨。

案例点评：这次直播的成功与直播切片的引流密不可分，再加上选在原产地直播，让观众通过手机屏幕看到原产地的产品，真实、直观，进而增强了观众对产品的信任。

思考题：

1. 你还知道哪些利用直播切片为直播引流的例子？
2. 说说直播切片的其他用途。

9.1　直播概述

随着互联网技术的发展、智能手机的普及、网速的提升以及流量费用的降低，人们的生活变得越来越丰富多彩，枯燥的图文消息已经不能满足大众的需求。直播相对于文字、表情和录播视频，交互性更强，社交效率更高，更真实，且能实时传播信息，更能满足用户的需求。

扫一扫

9.1.1　直播的优势

直播以互联网技术为依托，具有实时性强、互动性强、真实性强的特点。现场直播结束后，直播活动举办方还可以为用户提供重播、点播服务，这样做有利于扩大直播的影响范围，最大限度地发挥直播的价值。

直播的优势在于以下几个方面。

（1）门槛低，人人可参与

随时随地可以直播，摆脱了传统录播视频对场景的限制。人人都可以直播，成为内容的生产者。

（2）真实场景，互动性更强

直播区别于短视频的最大特点就是所见即所得，真实展现直播场景。直播过程中主播和用户可以有效地沟通交流，实时互动。

（3）紧跟时代潮流，符合大众习惯

直播迎合大众习惯，逐渐影响到大众生活的方方面面，成为一种新的社交方式，甚至成为一种新的商业形态。

9.1.2　直播的发展历程

最近几年，直播处在风口，各大直播平台为了抢占市场份额可以说想尽办法，市场竞争激烈。很多领域都和直播结合，试图搭上直播的班车。那么直播到底是怎样兴起的呢？下面简单介绍直播的发展历程，如图 9-1 所示。

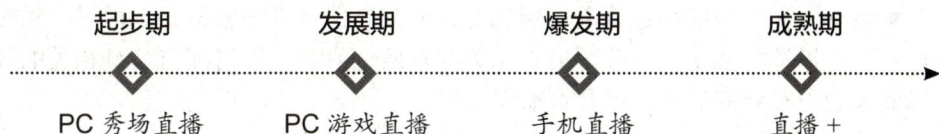

起步期	发展期	爆发期	成熟期
PC 秀场直播	PC 游戏直播	手机直播	直播 +

图 9-1

（1）起步期——PC 秀场直播

从 2005 年到 2013 年，网络直播市场随着互联网技术的发展逐渐兴起，其中以 YY 直播为代表的 PC 秀场直播平台广为人知。

（2）发展期——PC 游戏直播

到了 2014 年，网络直播市场进入发展期，尤其是游戏直播的出现，使得网络直播在大量游戏玩家的推动之下"一夜爆红"。

（3）爆发期——手机直播

2016 年，网络直播市场迎来了真正的爆发期。手机以及其他移动设备直播成为网络直播的新兴市场，备受各大直播平台的青睐。2016 年可以说是手机直播的"元年"，网络直播市场真正进入全民时代。

（4）成熟期——直播 +

随着互联网技术的应用逐渐深入，直播有变成一种基础性的功能或服务的趋势，越来越多的专业领域与直播相结合，如电商、教育等，提供专业、优质的内容，这就是目前网络直播市场在"直播 +"时代的状态。

9.2　直播前的准备

直播是一种实时录制和传输视频内容的方式，让观众能够在第一时间

扫一扫

观看和参与的活动。直播与各领域结合，如直播卖货、新闻报道直播、娱乐节目直播、在线教育直播、游戏直播、才艺直播等。

9.2.1 直播间搭建

对一场直播而言，好的场景能够延长用户的停留时间，更有效地提高用户转化率。因此，场景的重要性不言而喻。那么，如何才能搭建一个好的直播间呢？直播间搭建主要包括背景搭建、灯光布置、直播设备准备等。

1. 背景搭建

直播背景是指主播身后的背景，可以是一面墙或窗帘，可以是窗户，也可以是置物架等。直播背景怎么布置，才能体现直播间的风格，给观众良好的视觉体验呢？

（1）背景颜色

直播背景颜色一般选择纯色和浅色，这样显得干净整洁。深色通常会给观众带来压迫感，让人感到不舒服。

（2）装饰

如果直播空间很大，为了避免直播间显得过于空旷，可以适当地丰富直播背景。例如，可以挂一幅装饰画，放一些小盆栽、小玩偶等，但是要保持干净整洁，不可过于烦琐。如果是节假日，可以适当地布置一些跟节日相关的东西，或者主播搭配与节日相关的妆容和服装，以此来吸引观众的目光，提升直播间人气。

（3）置物架

在直播背景墙或者墙纸风格不是很符合直播风格，而又不能将其换掉的情况下，我们可以摆放置物架。例如，在背景中的置物架上放置小件产品，或者体现主播品位的小物件等。

2. 灯光布置

灯光布置会影响主播上镜效果和产品展示效果。不同的角度搭配不同的灯光，可以营造出不同的直播氛围。这里主要介绍如何进行直播间的灯光布置，以让主播和产品都出彩。

（1）直播间灯光布置的原则

直播间灯光布置得好，可以营造良好的直播气氛，突出直播间的风格，使直播效果变得更好，优化观众的观看体验，让观众能够停留更长的时间，从而提高转化率。

在进行直播间灯光布置时，我们通常需要遵循以下几个原则。

① 直播间的灯光和背景的颜色要匹配。

② 顶灯要能够把直播间照亮。

③ 灯光尽量不要直射墙面，以免观众在观看的时候产生视觉疲劳。

④ 不要把所有的灯光都打在主播面部，主播面部光线要保持均匀，避免出现"阴阳脸"。

（2）直播间灯光的分类

根据主播的需求，直播间有多种灯光布置方案。通常一个专业直播间的灯光按照其功能，可以分为 5 种：主光、辅光、顶光、轮廓光和背景光。

① 主光是直播间的主要光源，主要起到照明的作用。主光可以使主播的面部和产品受光匀称，起到美化的作用。

② 辅光一般是柔光灯发出的光线，主要用于辅助主光塑形，控制暗部阴影，平衡画

面明暗。使用辅光的时候要注意避免光线太暗和太亮的情况，辅光不能强于主光，不能干扰主光正常的光线效果，而且不能产生投影。

③ 顶光是指从主播头顶照下来的光线，能产生阴影，有利于主播轮廓的塑造，还能够起到瘦脸的作用。我们使用顶光时，要注意顶灯不能离主播太远，否则容易在主播眼睛和鼻子下方形成阴影。

④ 轮廓光一般位于主播身后，是逆光，它不仅可以使主播的轮廓分明，还可以将主播从直播间背景中分离出来，突出主体。我们使用轮廓光时一定要注意光线的亮度，过亮会造成画面主体过黑，主播轮廓不清晰。

⑤ 背景光也叫环境光，主要作用是照亮背景，能使直播间的光线更均匀。需要注意的是，背景光要尽量低亮度、多光源。

对于不同功能的灯光，冷暖光是必须考虑的因素。冷光和暖光下的直播效果是不同的，图 9-2 所示分别是暖光和冷光照射下的画面。

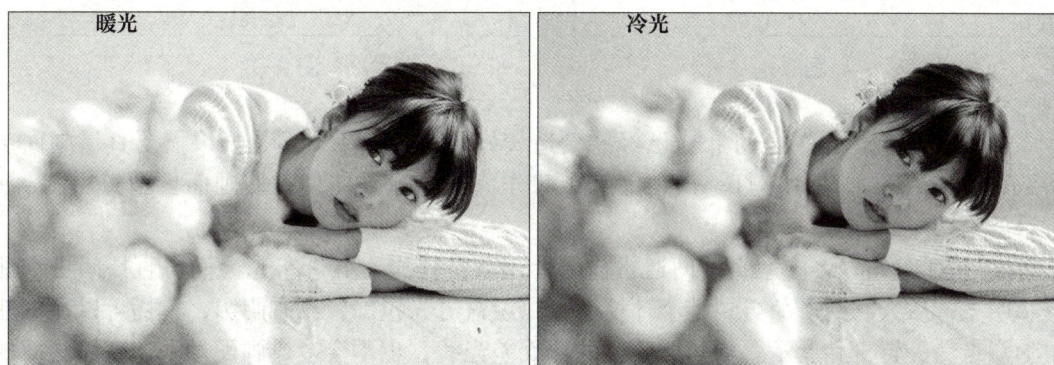

图 9-2

（3）灯光布置的常用方案

根据灯的数量，我们可以将直播间的布光方案分为单灯布光、双灯布光、三灯布光、四灯布光和五灯布光。

① 单灯布光。在直播间中，环形灯是非常实用的灯光设备，它价格不高，体积小，方便收纳、携带，而且操作简单快捷，还可以通过调节其色温和亮度来控制光线的冷暖。

使用单灯布光时，可以环形灯作为主灯，如图 9-3 所示。环形灯的环形设计使得光线均匀柔和，柔光可以从各个方向打到主播脸上，从而达到补光的效果，而且可以在主播的眼睛里产生环形亮斑，俗称"眼神光"。

② 双灯布光。环形灯虽然很受主播的欢迎，但是如果直播间需要展示的不仅仅是主播，那么只用一盏环形灯显然是不够的。

单灯布光一般仅用于个人的简单直播间，如果是美食或产品类直播间，就需要适当增加一个光源，即双灯布光。这时候主灯也不再局限于环

图 9-3

形灯，可以有更多的选择。图9-4所示就是双灯布光。双灯布光可以根据直播间的需要进行调整，并不只有这一种组合。

③ 三灯布光。如果是专业的带货直播间，那对布光的要求就更高了，通常可以考虑使用三灯布光或光源更多的布光方案。三灯布光可以塑造更加立体、更有质感的直播画面。图9-5所示就是三灯布光。

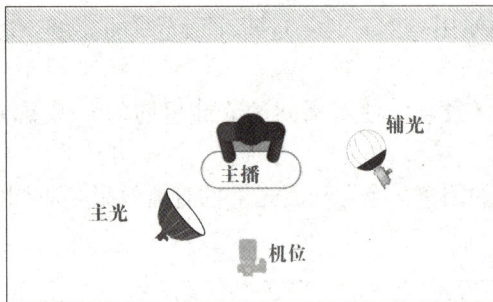

图 9-4

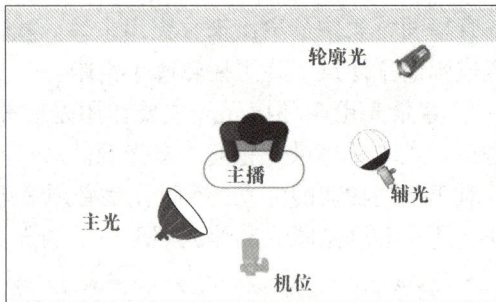

图 9-5

④ 四灯布光。虽然三灯布光已经能营造较好的灯光效果，但是如果需要直播画面更精致，还需要添加第4盏灯。第4盏灯一般作为背景光来使用，使画面更精致。图9-6所示就是四灯布光。

⑤ 五灯布光。大中型直播间通常需要使用五灯布光。五灯布光会使得直播间更加通透和明亮，从人物到产品再到整个环境，可以说被灯光包围，没有阴影，主播可以在场地中随意走动、转身和展示。均匀、明亮的低反差光线，也不会造成画面过曝，直播画面的清晰度高、质感很好。图9-7所示为五灯布光。

图 9-6

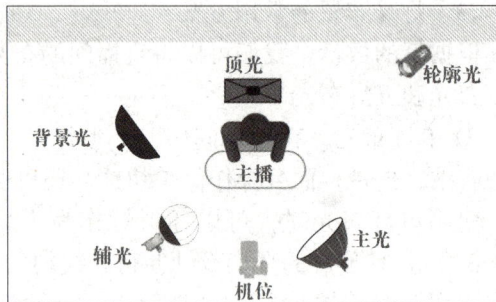

图 9-7

3. 直播设备准备

"工欲善其事，必先利其器。"要想做好直播，我们首先要准备好直播设备。直播设备的选择既包括硬件的选择，也包括软件的配置和调试。如果直播设备没有准备好，就无法呈现出理想的直播现场，也就无法让用户在直播间停留。

（1）直播硬件的配置

直播必须有一套好的直播硬件设备。目前常见的直播形式有两种：手机直播和计算机直播。不同的直播形式，需要的直播硬件设备有所不同。下面将介绍两种不同的直播形式所需要的硬件设备。

手机直播是非常简单、容易操作的一种直播形式。利用手机进行直播营销，手机、手机三脚架、话筒、声卡和无线网络通常是必备的硬件，手机直播所需的硬件及具体说明如表 9-1 所示。

表 9-1　手机直播所需的硬件及具体说明

硬件	具体说明
手机	利用手机直播时，我们要考虑前置摄像头的像素和系统的运行速度。前者关系到直播间的画质，后者关系到手机与直播软件能否很好地兼容，直播时是否卡顿
手机三脚架	它可以防抖，让直播画面更稳定、清晰。其高度、角度可以灵活调节，使连接数据线、调配补光灯等更方便。市场上的手机三脚架类型多样，选择符合直播需求的即可
话筒	话筒主要有两种：一种是动圈式话筒，另一种是电容式话筒。随着人们对音质的要求越来越高，越来越多的主播开始选用电容式话筒来直播
声卡	主播通常讲话比较多，如果不用声卡太费嗓子，到了促单环节说不出话，难免少了点购物氛围，因此它也是很多主播都会配置的设备
无线网络	使用网速较快、信号较好的无线网络进行直播，可使直播更加稳定、清晰

虽然手机直播方便、简单、易操作，而且不受场地限制，随时随地就能开播，但是如果资金充足、场地固定，建议使用计算机直播。毕竟手机的像素以及稳定性都不及计算机，而且后期对直播数据进行分析也需要用到计算机。

利用计算机进行直播时，计算机、摄像头和手机通常是必备的硬件，计算机直播所需的硬件及具体说明如表 9-2 所示。

表 9-2　计算机直播所需的硬件及具体说明

硬件	具体说明
计算机	计算机直播对处理器的要求非常高，选择 i5 以上的处理器，可以避免在直播的过程中出现经常卡顿的情况
摄像头	摄像头首先要保证画面清晰，因为模糊的画面是无法吸引用户在直播间停留的。另外，摄像头最好自带美颜、瘦脸、瘦身等功能
手机	计算机直播时还是要配备手机，用于查看直播效果和粉丝留言，也方便及时回答用户的问题

（2）直播软件的调试

直播团队在直播前除了需要对直播硬件进行调试外，还需要对一些软件进行调试，如对直播平台进行设置和反复测试。

直播软件调试的两个方面如表 9-3 所示。

表 9-3　直播软件调试的两个方面

视角	调试内容
主播视角	平台登录、镜头切换、声音调整、直播录制权限设置、直播间送礼等付费功能的开启或关闭、评论权限设置、敏感词设置、管理员设置、红包发放权限设置等
用户视角	登录、注册、是否能送礼物、是否能正常显示聊天信息、是否能加入相关社群等

9.2.2　直播平台的了解与选择

1.　直播平台的分类及特点

直播平台是直播营销产业链中不可或缺的一部分，为直播提供了内容输入和输出的渠道。根据直播平台的主打内容，目前市场上主流的直播平台可以分为短视频类直播平台、电商类直播平台、游戏类直播平台和教育类直播平台等。

（1）短视频类直播平台

短视频类直播平台主要是指以输出短视频为主的平台，主播在这些平台开通直播功能后，可以通过直播进行才艺展示、商品销售等。目前主流的短视频类直播平台有抖音、快手、西瓜视频等。

（2）电商类直播平台

电商类直播平台具有较强的营销属性。在电商类直播平台中，商家可以通过直播的方式讲解商品，吸引用户关注商品并促成交易，而用户观看直播的主要目的也是购买商品。常见的电商类直播平台有淘宝直播、京东直播、拼多多直播等。

（3）游戏类直播平台

游戏类直播平台主要是针对电竞游戏的实时直播平台。游戏行业一直是互联网巨头青睐的对象，鉴于电竞在全球的发展劲头强势，目前互联网公司不断加快在电竞游戏类直播领域的布局，电竞游戏类直播成为互联网巨头争夺的焦点。游戏类直播平台有斗鱼直播、虎牙直播等。

（4）教育类直播平台

乘着互联网的东风，有一群人在一些在线教育直播平台开创了新的学习方式。教育行业的巨头也纷纷加入直播领域，使在线教育逐渐进入新的发展阶段。

传统的在线教育平台以视频、语音、PPT 等形式为主，虽然呈现形式足够丰富，但互动性不强，无法做到实时答疑与讲解。而直播则正好可以弥补这些不足，因此教育类直播平台迅速发展。其中网易云课堂、CCtalk 等平台直接在原有在线教育平台的基础上增加了直播功能；而千聊、荔枝微课等平台则属于独立开发的教育类直播平台。

2.　选择合适的直播平台

平台的选择对新手主播来说是一件非常头疼的事情。平台的选择是有讲究的，因为选择一个合适的平台就成功了一半，剩下的一半就是自己的努力，只有两者兼备才能成功。

（1）平台类别和规模

新手主播在选择直播平台时，首先需要考虑的是平台的类别。直播营销最重要的就是精准定位，每个平台都有各自的优势，主播需要根据直播的内容选择合适的平台。

例如，主播想做电商直播，就应该选择电商类直播平台，如果错误地选择游戏类直播平台，那么营销效果就会很差。

主播在选择平台时，需要考虑平台的规模。比如，是选择大型的平台还是中小型的平台？是选择成熟的平台还是新出现的平台？每个平台的规模是不一样的，但并不是平台规模越大就越适合自己，主播需要根据自己的实际情况进行相应的选择。

例如，YY 直播平台虽然规模大、人流量多，平台内用户的付费能力也非常强，但是平台内的主播非常多，竞争非常激烈，因此如果新手主播的才艺不是特别突出，是很难在 YY 直播平台有较好发展的。

（2）用户数量和质量

除了平台的类别和规模，新手主播还需要考量平台的用户数量和质量。比如，新手主播需考量平台总体的用户有多少，活跃的用户又有多少，付费的用户平均每个月的支出是多少。通过总体用户数量可以看出平台整体规模，通过活跃用户数量可以看出平台整体运营情况，而通过付费用户的支出可以推测出平台用户的付费能力。

（3）新人扶持政策

不同的平台，对新手主播的扶持政策也是不太一样的。比如，某直播平台之前推出的一个政策为：新手主播开播一个月的时长达到相应标准，便有最少 500 元，封顶 3000 元的奖励。所以，选择直播平台前，新手主播可以先了解平台的新人扶持政策。

（4）平台运营能力

平台的运营能力会影响主播开展直播活动的效率和曝光率。有经验的平台会针对市场和自身特色定制特有的活动来吸引主播和用户，它们明白内容互动是直播的长久话题，活动是互动的润滑剂。

课堂练习

5 人一组，合理分工，在抖音开启一场直播并进行商品讲解。

9.3　直播视频录制与剪辑

直播团队录制直播视频后，可以通过回看直播视频，及时发现直播过程中可能存在的异常或不足，而且可以用录制的视频剪辑一些精彩片段，将其发布到短视频平台上。观众在观看直播视频时，如果觉得视频比较精彩，还想反复观看，也可以对直播视频进行录制。

9.3.1　录制直播视频

录制直播视频既可以使用手机也可以使用计算机。

1. 手机录制直播视频

使用手机录制直播视频，既可以使用手机自带的录屏功能，也可以使用专业的录屏 App。

（1）使用手机自带的录屏功能录制

现在的智能手机一般都带有录屏功能，只是不同的手机录屏功能的位置略有不同而已。如果你使用的是三星手机，在任务栏里面点击【录屏工具】按钮，即可进行录屏操作，如图 9-8 所示；如果你使用的是华为手机，打开控制中心，点击【屏幕录制】按钮，即可进行录屏操作，如图 9-9 所示；如果你使用的是苹果手机，打开控制中心，控制中心界面中的圆形图标◉就是屏幕录制按钮，点击该图标即可开始录屏，如图 9-10 所示。

图 9-8

图 9-9

图 9-10

（2）使用录屏大师录制

用户除了可以使用手机自带的录屏功能进行直播视频录制，还可以使用专业的录屏 App 进行录制。使用录屏大师进行直播视频录制的具体操作步骤如下。

打开录屏大师，在主页可以进行清晰度设置、声音设置、录屏方向设置和录屏悬浮窗设置，根据需求进行设置即可，如图 9-11 所示。

为了方便操作，我们可以打开录屏悬浮窗。不同手机的录屏悬浮窗的权限开启方式略有不同，图 9-12 所示是华为手机的录屏悬浮窗的权限开启方式。

图 9-11

图 9-12

2. 计算机录制直播视频

手机录制直播视频的优点是方便，随时随地都可以录制，但是使用手机录制直播视频也有缺点，如手机内存有限，在录制过程中可能受到来电的影响等。因此，很多时候我们需要使用计算机录制直播视频。

使用计算机进行直播视频录制的方法也很简单，一般选用专业的录屏软件，如 Camtasia，如图 9-13 所示。

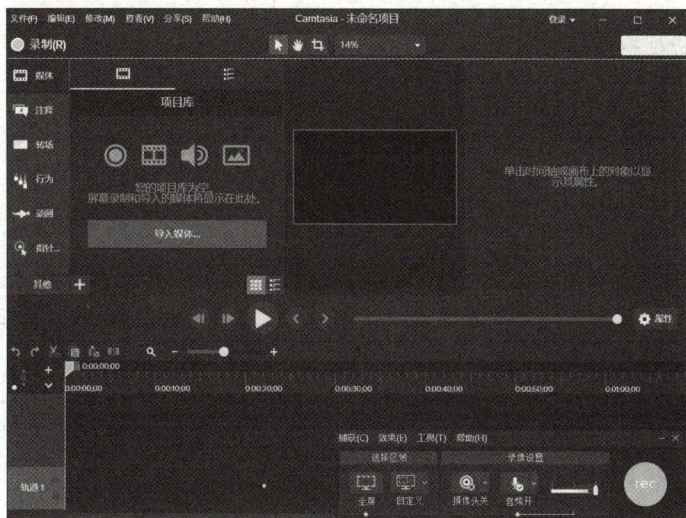

图 9-13

9.3.2　剪辑直播切片

直播切片是指将直播视频按照一定时间间隔进行切割，形成的独立的视频片段，方便进行二次创作。直播切片的优势在于，将直播内容切割成小片段，便于持续输出优质内容，吸引更多的流量。此外，直播切片便于直播团队将直播中的精彩瞬间进行分享，为观众提供良好的观看体验，提高观众的黏性。

1. 直播切片的剪辑思路和步骤

直播切片目前在抖音上非常流行，它让普通人也能通过 IP 授权赚取收益。直播切片的剪辑思路主要是利用软件将影响力强的主播的直播过程录制下来，再将其中的精彩片段剪辑出来。

以抖音为例，剪辑直播切片的步骤如下。

① 注册抖音账号。

② 寻找合适的主播并录制其直播的精彩片段。

③ 使用视频剪辑软件，将录制的直播视频进行截取。可以设置截取片段的开始时间及结束时间，也可以一次性设置多个截取片段的开始时间及结束时间。

④ 对截取片段进行二次创作，添加音乐、文字等元素，使其更具吸引力。

⑤ 将剪辑好的视频发布在自己的抖音账号上。

需要注意的是，这种方式需要经过主播的授权，否则可能会侵犯主播的权益。在选择主播时，直播团队可以选择一些热门的、影响力强的主播。

2. 直播切片的剪辑技巧

直播切片是将主播直播过程录制下来，再剪辑而成的精彩片段。直播切片的剪辑技巧有以下几个。

（1）熟练运用剪辑手法

剪辑手法是直播切片制作的核心，剪辑人员需要熟练掌握剪辑软件的操作，以及选取精彩片段的方法。

（2）选取精彩片段

在对直播视频进行剪辑时，剪辑人员应选择视频中的重要片段，如精彩瞬间、商品讲解等，将这些片段剪辑出来并进行二次创作。

（3）保持视频连贯性

剪辑人员在剪辑过程中，应保持视频的连贯性，避免出现跳跃性的剪辑，否则有损观众的观看体验。

（4）合理安排视频时长

剪辑后的视频时长应适当，不宜过长或过短，直播切片的时长以1分钟之内为宜，过长的视频会导致用户购买欲望降低。

（5）添加文字和音效

为了增强视频的表达力，剪辑人员可以在剪辑后的视频中添加文字和音效，如背景音乐、旁白、字幕等。

（6）保持视频质量

在对直播视频进行剪辑时，剪辑人员应尽量保持视频的质量，避免剪辑导致视频质量下降。

直播切片的剪辑工具与短视频的剪辑工具是通用的，如剪映、Premiere等，此处就不再介绍。直播切片制作完成后，得到的其实是一段短视频，用户可以按照前述的方法发布到短视频平台。

📖 课堂练习

录制一段某主播直播带货的视频，并将其剪辑为带货短视频。

章节实训

5人一组，以销售零食为例，策划一场直播，并将精彩部分剪辑为切片。

【实训目标】

通过策划、直播、制作切片，增强学生的综合能力。

【实训思路】

1. 采用三灯布光，布置一个简单的销售零食的直播间。

2. 准备好要销售的零食，每种零食准备得稍微多一点，因为直播中主播通常需要试吃。

3. 提前熟悉各种零食的特点，将包装上的各种码提前做好遮挡处理。

4. 在抖音平台开启直播。

5. 直播的同时用计算机进行视频录制。

6. 从录制的视频中选择精彩片段进行剪辑，制作成切片。